机械制造与自动化研究

邹云鹤　迟　铁　崔可可　著

中国原子能出版社

图书在版编目（CIP）数据

机械制造与自动化研究 / 邹云鹤，迟铁，崔可可著 .
--北京：中国原子能出版社，2023. 11
ISBN 978-7-5221-3048-4

Ⅰ. ①机… Ⅱ. ①邹…②迟…③崔… Ⅲ. ①机械制造-自动化技术-研究 Ⅳ. ①TH164

中国国家版本馆 CIP 数据核字（2023）第 200005 号

机械制造与自动化研究

出版发行 中国原子能出版社（北京市海淀区阜成路 43 号 100048）
责任编辑 张 磊
责任印制 赵 明
印　　刷 北京九州迅驰传媒文化有限公司
经　　销 全国新华书店
开　　本 787 mm×1092 mm 1/16
印　　张 13. 75
字　　数 240 千字
版　　次 2024 年 7 月第 1 版 2024 年 7 月第 1 次印刷
书　　号 ISBN 978-7-5221-3048-4 **定　价** **78. 00 元**

网址：http://www.aep.com.cn **E-mail：597125562@qq.com**
联系电话：010-88821568

前　言

机械制造业的先进与否标志着一个国家的经济发展水平。在众多国家的产业结构中，机械制造业在国民经济中占有十分重要的地位。随着科技日益进步和社会信息化不断发展，全球性的竞争和世界经济的发展趋势使得机械制造产品的生产、销售、成本、服务面临着更多外部环境因素的影响，传统的制造技术、工艺、方法和材料已经不能适应当今社会的发展需要。计算机技术、信息技术、自动化技术在制造业中的广泛应用与传统的制造技术相结合形成了现代化机械制造业，企业的生产经营方式发生了重大变革。

制造自动化是人类在长期的生产活动中不断追求的主要目标之一。近年来，随着科学技术的不断进步，尤其是制造技术、计算机技术、控制技术、信息技术和管理技术的发展，制造自动化技术的内容也不断丰富和完善，它不仅包括传统意义上的加工过程自动化，而且还包括对制造全过程的运行规划、管理、控制与协调优化等的自动化；做好对机械制造与自动化的分析已成为当下热门的研究方向之一。

本书是一本关于机械制造与自动化方面研究的著作。全书首先对机械制造及自动化技术的概念、应用与发展进行简要概述，并介绍了现代机械制造的新技术及机械制造的自动化基础理论等；然后对机械制造自动化应用实践的相关问题进行梳理和分析，包括加工设备自动化、物料供输自动化、检测过程自动化、产品装配过程自动化等方面；最后在智能制造时代下的机械制造应用设计方面进行探讨。本书论述严谨，结构合理，条理清晰，其不仅能够为机械制造学提供一定理论知识，同时能为当前机械制造与自动化相关理论的深入研究提供借鉴。

本书参考了大量的相关文献资料，借鉴、引用了诸多专家、学者和教师的研究成果，得到了很多专家学者的支持和帮助，在此深表谢意。由于能力有限，时间仓促，虽极力丰富本书内容，力求著作的完美无瑕，虽经多次修改，仍难免有不妥与遗漏之处，恳请专家和读者指正。

目　录

第一章　机械制造基础

第一节　机械制造技术

一、制造与制造系统

（一）制造

制造的含义十分广泛。制造是人类按照市场需求，运用主观掌握的知识和技能，借助于手工或可利用的客观物质工具，利用有效的工艺方法和必要的能源，将原材料转化为最终物质产品并投放市场的全过程。

狭义的“制造”一般是指产品的制造过程，凡是投入一定的原材料，使原材料在物理性质和化学性质上发生变化而转化为产品的过程，无论其生产过程是连续型的还是离散型的，都称为制造过程。它包括毛坯制造、零件加工、检验与装配、包装与运输等，主要考虑的是制造企业内部的物质流。

广义的“制造”包含产品的全生命周期过程，国际生产工程学会（CIRP）给出的定义：“制造是一个涉及制造工业中产品设计、物料选择、生产计划、生产过程、质量保证、经营管理、市场销售和服务的一系列相关活动和工作的总称”。它包括市场分析、经营决策、设计与加工装配、质量控制、销售、运输、售后服务，及报废回收等过程，必须同时考虑物质流与信息流两个方面。

随着人类生产力的发展，“制造”的概念和内涵在“范围”和“过程”两个方面将进一步拓展。

（二）制造系统

制造系统是指由制造过程（产品的经营规划、开发研制、加工制造和控制管理等）及其所涉及的硬件（生产设备、工具等）、软件（制造理论、制造工艺和方法及各种制造信息等）和人员组成的一个将制造资源（生产设备、工具、材料、能源、资金、技术、信息和人力等）转变为产品（含半成品）的有机整体。制造系统实际上就是一个工厂（企业）所包含的生产资源和组织机构，而通常意义所指的制造系统仅是一种加工系统，是制造系统的一个组成部分，如柔性制造系统。

国际生产工程学会给“制造系统”下的定义：制造系统是制造业中形成制造生产（简称生产）的有机整体。在机电工程产业中，制造系统具有设计、生产、发运和销售的一体化功能。

机械制造系统是一个典型的、具体的制造系统。机械制造过程是一个资源向产品或零件的转变过程。这个过程是不连续（离散）的，其系统状态是动态的，故机械制造系统是离散的动态系统。

机械加工系统是由机床、夹具、刀具、工件、操作人员和加工工艺等组成的。机械加工系统输入的是制造资源（毛坯或半成品、能源和劳动力），经过机械加工过程制成成品或零件输出。

机械加工系统在运行过程中，总是伴随着物料流、信息流和能量流的运动，这三者之间相互关联、相互影响，是一个不可分割的有机整体。

1. 物料流（物流）

机械加工系统输入的是原材料或坯料、半成品及相应的刀具、量具、夹具、润滑油、切削液和其他辅助物料等，经过输送、装夹、加工检验等过程，最后输出半成品或成品（伴随切屑的输出）。整个加工过程（包括加工准备）是物料输入和输出的动态过程，这种物料在机械加工系统中的运动称为物料流。

2. 信息流

机械加工系统必须集成各个方面的信息，以保证机械加工过程的正常进行。这些信息主要包括加工任务、加工工序、加工方法、刀具状态、工件要求、质量指标和切削参数等，分为静态信息（工件尺寸要求、公差大小等）和动态信息（刀具磨损、机床故障状态等）。所有这些信息构成了机械加工过程的信息系统。这个系统不断地和机械加工过程的各种状态进行信息交换，有效地控制机械加工过程，以保证机械加工的效率和产品质量。这种信息在机械加工系统中的作用过程称为信息流。

3. 能量流

机械加工系统是一个动态系统，其动态过程是机械加工过程中的各种运动过程。这个运动过程中的所有运动，特别是物料的运动，均需能量来维持。来自机械加工系统外部的能量（一般为电能），多数转变为机械能。一部分机械能用以维持系统中的各种运动，另一部分通过传递、损耗而到达机械加工的切削区域，转变为分离金属的动能和势能。这种在机械加工过程中的能量运动称为能量流。

二、制造技术

（一）制造技术概念

制造技术是完成制造过程所使用的一切生产技术的总称，是将原材料和其他生产要素经济合理地转化为可直接使用的具有高附加值的成品（半成品）和技术服务的技术群，是制造企业的技术支柱和持续发展的根本动力。

制造技术也有广义与狭义之分。广义制造技术涉及制造活动的各个方面及其全过程，是从概念产品到最终产品的集成活动与系统工程，是一个功能体系和信息处理系统。而狭义制造技术则是指机械加工与装配工艺技术。

制造技术的发展是由社会、政治、经济等多方面因素决定的，但最主要的因素是科学技术的推动和市场的牵引。纵观近 200 年的发展历程，技术的推动和市场的牵引是影响制造技术发展的主要因素。科学技术的每次重大进展都推动了制造技术的发展，人类的需求不断增长和变化，也促进了制造技术的不断进步。20 世纪 80 年代以来，随着社会需求个性化、多样化的发展，生产类型沿小批量—大批量—多品种变批量的方向发展，以及以计算机为代表的高技术和现代化管理技术的引入、渗透与融合，不断地改变着传统制造技术（以机械—电力技术为核心的各类技术相互联结和依存的制造工业技术体系）的面貌和内涵，从而形成了先进制造技术。

（二）机械制造技术

机械制造技术即机械产品制造过程中所需要的一切手段的总和，是实现机械制造过程的最基本环节。机械加工中，材料的质量和性能通过制造技术的实施而发生变化，从原材料或毛坯制造成零件的过程中，质量的变化可分为质量不变、质量减少和质量累加三种类型。不同类型采用不同的工艺方法。与此相对应，机械加工方法分为材料成形法、材料去除法和材料累加法三种。

1. 材料成形法（质量不变）

材料成形法是将原材料转化成各种形状与尺寸的零件加工方法。在成形前后，材料主要是形状发生变化，而质量基本不变。该工艺以热加工形式为主，主要用来制造毛坯或形状复杂、精度要求不高的零件，制造精度要求较高的零件则采用精密成形工艺。

材料成形工艺的特点是材料利用率高，但产生变形的能量消耗较大。典型的工艺方法有铸造、锻造、挤压、冲压、注塑、吹塑、粉末冶金和连接成形（焊接、黏结、卷边接合、铆接）等。

粉末冶金是用金属粉末或金属与非金属粉末的混合物作为原料，经压制、烧结以及后处理等工序，制造某些金属制品或金属材料的方法。由于粉末冶金可直接制造出尺寸准确、表面光洁的零件，且材料利用率可达95%，大大减少了切削加工量，显著降低了制造成本，因而在机械制造业中获得日益广泛的应用。但粉末冶金工艺成形的产品结构形状有一定的限制，塑性、韧性较差，粉末原材料价格较高，一般只适用于成批或大量生产。

2. 材料去除法（质量减少）

材料去除法是采用在原材料上通过不同工艺方法去除一部分多余材料，达到设计要求的形状、尺寸和公差的零件加工方法。在制造过程中，材料的质量逐渐减少。该工艺主要用来提高零件的加工精度和表面加工质量。

材料去除工艺的特点是无功资源消耗多（大部分能量消耗在去除材料上）、加工周期长、材料浪费严重，但目前仍是保证零件设计要求的一种最经济的工艺方法，在机械制造业中占有重要的地位。

材料去除法主要分为传统的切削加工和特种加工。

切削加工是在机床上通过刀具和工件之间的相对运动及相互力的作用实现的。切削过程中，所具有的力、热、变形、振动、磨损等问题决定了零件最终获得的几何形状及表面质量。切削加工的方法很多，常见的有车削、铣削、刨削、磨削、钻削、拉削等。

特种加工是不同于传统的切削加工，它是利用电能、化学能、光能、声能、热能及机械能等能量对材料进行加工的工艺方法。在特种加工过程中，刀具与工件基本不接触，不存在切削力和工件材料性能对加工的影响，因此又称为无切削力加工。

特种加工能解决普通机械加工方法无法解决或难以解决的问题，如具有高硬度、高强度、高脆性或高熔点的各种难加工材料（硬质合金、钛合金、淬火工具钢、耐热钢、不锈钢、陶瓷、金刚石、宝石、石英、玻璃、硅等）零件的加工，具有较低刚度或复杂曲面形状的特殊零件（薄壁件、弹性元件、复杂曲面形状的模具内腔、叶轮机械的叶片、喷丝头、各种冲模及冷拔模上的型孔、整体涡轮等）的加工，各种超精、光整或具有特殊要求的零件（航空陀螺仪、伺服阀等）的加工等。特种加工在现代制造技术中占有越来越重要的地位，并已在现代制造、科学研究和国防工业中获得了日益广泛的应用。

特种加工一般按能量来源和作用形式以及加工原理来分类，主要有：电火花加工（EDM）、电火花线切割加工（WEDM）、化学加工（CHM）、电化学加工（ECM）、电化学机械加工（ECMM）、电接触加工（RHM）、激光束加工（LBM）、超声波加工（USM）、电子束加工（EBM）、离子束加工（IBM）、等离子体加工（PAM）、电液加工（EHM）、磨料流加工（AFM）、磨料喷射加工（AJM）、液体喷射加工（HDM）及各类复合加工等。

3. *材料累加法（质量累加）*

材料累加法是20世纪80年代发展起来的一种工艺新技术，它充分利用计算机数据模型和自动成形系统，采用材料累加的方法分层制造零件。在制造过程中，材料的质量逐渐增加。该工艺可制造各种形状复杂的零件，制造周期大大缩短，材料利用率高，在制造过程中不产生力，能量消耗较低。材料累加法的典型工艺是目前正在迅速发展的快速原型制造技术。

快速原型制造技术突破了传统的加工模式，被认为是近几十年制造技术领域的一次重大突破，它综合了机械工程、数控技术、CAD与CAM技术、激光技术以及新型材料技术等，可以自动迅速地把设计思想物化为具有一定结构和功能的原型或直接制造零件，可以对产品设计进行快速评价、修改，以响应市场需求，提高企业的竞争能力。快速原型制造技术对于制造企业的模型、原型及成形件的制造方式正产生着深远影响。

快速原型制造技术的基本原理是直接根据产品 CAD 的三维实体模型数据，经计算机数据处理后，将三维实体数据模型转化为许多二维平面模型的叠加，再通过计算机控制、制造一系列的二维平面模型，并顺次将其联结，形成复杂的三维实体零件。目前，快速原型制造技术主要有激光立体光刻法（SLA）、选择性激光烧结法（SLS）、分层实体制造法（LOM）和熔融沉积造型法（FDM）等。

3D 打印是快速原型制造技术的一种，它是一种以数字模型文件为基础，运用粉末状金属或塑料等材料，通过逐层打印的方式来构造物体的技术，可极大地缩短产品的研制周期，提高生产率和降低生产成本。

3D 打印技术出现在 20 世纪 90 年代中期，实际上是利用光固化和纸层叠等技术的最新快速成型技术。它与普通打印工作原理基本相同，打印机内装有液体或粉末等“打印材料”，与电脑连接后，通过电脑控制把“打印材料”一层层叠加起来，最终把计算机上的蓝图变成实物。3D 打印技术中存在着许多不同的技术，它们的不同之处在于可用的材料方式，并以不同层构建部件。3D 打印常用材料有尼龙玻璃纤维、耐用性尼龙材料、石膏材料、铝材料、钛合金、不锈钢、镀银、镀金、橡胶类材料。目前，3D 打印技术已应用在珠宝、鞋类、工业设计、建筑、工程和施工、汽车、航空航天、牙科和医疗产业、教育、地理信息系统、土木工程、枪支、艺术、娱乐及其他领域。

（三）制造技术的创新

1. 可持续发展是制造技术创新的动力与空间

可持续发展是指社会、经济、人口、资源、环境的协调发展和人的全面发展。人的繁衍、物质的生产、自然界对于人类生活资源和生产资源的产出三方面构成了一个综合系统，任何一方都有可能危害世界的持续和发展。

现代工业的生产模式是不符合可持续发展的，主要表现为：环境意识淡薄，“先污染，后治理”；回收、再生意识差；重视降低成本、不重视产品的耐用性和易于修理性，高度享受是以高资源消耗为代价的；环境立法、企业文化、环境生态系统教育不够。这些所形成的生产模式很难做到持续发展的，从而迫使人们必须摆脱传统的制造模式，开拓新型的可持续发展的制造模式。

可持续发展为制造技术提供了创新的空间，是促进制造技术创新的动力。发展可持续制造技术必须探讨符合可持续发展的、新型的制造技术，而且要从基础理论和工艺技术两方面进行突破性研究，如工业生态学、生态型制造技术、干式切削与磨削技术、延长产品生命周期的设计制造技术、生长型制造的实用化技术、以人为中心协调环境与文化要求的文化主导型制造技术等。

可持续发展的生产模式正在推动新一轮的技术创新；由资源型的发展模式逐步变为技术型的发展模式，变为经济、社会、资源与环境相协调的新发展模式；由物质短缺的社会所具有的大量生产模式转化到物质丰富的社会所应有的一种新生产模式——循环制造模式。

2. 知识化是制造技术创新的资源

随着产品市场国际化的激烈竞争，产品的功能日趋集成化和复合化，开发新产品所需的知识越来越多，尤其是高新知识。可以说，技术的产品和工艺创新完全依赖于科学知识、工程技术知识、管理知识和经济知识的积累与综合。而科学知识和工程技术知识是制造技术创新的基础。

创新所需的知识可划分为主导知识和辅助知识。对于制造技术创新而言，主导知识是有关制造本身的机理、规律、技术、技能、装置及系统等方面的知识，有量化的知识，更有非量化的知识，如经验等。主导知识是一种动态的知识，会随着科学技术的进步而不断更新。辅助知识的知识面很广，如计算机、信息论、生态学、管理科学等，是为主导知识服务的，促进主导知识的现代化，共同成为创新的资源。只有把握主导知识，掌握所需的辅助知识，创新成果才可能有深度，有应用前景。

3. 数字化是制造技术创新的手段

面对21世纪的制造技术创新，数字化是主要手段。继计算几何、计算力学问世之后，计算切削工艺学、计算制造、数字化制造、新型材料零件数字化设计与制造等陆续被提出，更加明显地看出数字化是技术创新的主要手段。

计算机网络为数字化信息的传递、为实现“光速贸易”提供了技术手段，同时也为实现全球化制造，基于网络的制造提供了物理保证，是实现数字化制造的重要途径。这不仅有利于参与市场竞争，促进设备资源的共享，更有利于快速获得制造技术信息，激发创新灵感。

4. 可视化是制造技术创新的虚拟检验

虚拟现实（VR）技术的飞速发展为实用性技术的创新提供了虚拟原型和技术的虚拟检验。虚拟现实技术提供的可视化，不只是一般几何形体的空间显示，它可以对噪声、温变、力变、磨损、振动等进行可视化，还可以把人的创新思维表述为可视化的虚拟实体，促进创造灵感的进一步升华。

第二节　机械加工工艺

一、生产类型及其工艺特征

在机械制造过程中，由于产品的类型不同，产品的结构、尺寸、技术要求不同，市场对其需求也是多种多样的，因此每种产品的年生产纲领（年产量）是不同的。

生产类型的划分依据是产品（或零件）的年生产纲领。产品（或零件）的年生产纲领是指包括备品和废品在内的该产品（或零件）的年生产量。产品（或零件）的年生产纲领对制造过程中的生产管理形式、所用的机床设备、工艺装备及加工方法都有很大的影响。

1. 单件生产

产品的种类很多，同一种产品的数量不多（仅制造一个或少数几个），很少再重复生产。如制造大、重型机械产品或新产品试制等都属于单件生产。

2. 成批生产

产品的种类较多，每种产品均有一定的数量，各种产品是分期分批地轮番进行生产。如机床制造、机车制造和电机制造等多属于成批生产。

3. 大量生产

产品的品种较少，产量很大，同一工作地长期重复进行某一零件、某一工序的生产。如汽车、拖拉机、轴承和自行车等的制造多属于大量生产。

同一产品（或零件）每批投入生产的数量称为批量。根据产品的特征和批量的大小，成批生产可分为小批生产、中批生产和大批生产。小批生产接近单件生产，大批生产接近大量生产，中批生产介于单件生产和大量生产之间。

各种生产类型的工艺特征见表 1-1。

表 1-1　各种生产类型的工艺特征

工艺特征	生产类型		
	单件生产	成批生产	大量生产
生产对象	品种很多、数量少	品种较多、数量较多	品种较少、数量很大
零件的互换性	配对制造、无互换性，广泛采用钳工修配	大部分具有互换性，少数用钳工修配	全部具有互换性，某些高精度配合件用分组选择法装配
毛坯的制造方法及加工余量	铸件用木模手工制造；锻件用自由锻。毛坯精度低，加工余量大	部分铸件用金属模；部分铸件用模锻。毛坯精度中等，加工余量中等	用高生产率的毛坯制造方法。铸件广泛采用金属模机器造型，锻件用模锻，毛坯精度高，加工余量小
机床设备	通用机床或数控机床、加工中心机床按类别和规格大小采用“机群式”排列布置	通用机床和部分高生产率机床兼用，数控机床、加工中心、柔性制造单元、柔性制造系统机床按加工类别分工段排列布置	高生产率的专用机床、组合机床、自动机床、数控机床或专用生产线、自动生产线、柔性制造生产线机床设备按流水线或自动线形式排列
夹具	多用标准通用夹具，很少采用专用夹具，靠划线及试切法达到尺寸精度	广泛采用夹具或组合夹具，部分靠划线法达到加工精度	广泛采用高生产率专用夹具，靠夹具及调整法达到加工精度
刀具与量具	采用通用刀具与万能量具	较多采用专用刀具及专用量具或三坐标测量机	广泛采用高生产率的专用刀具和量具，或采用统计分析法保证质量
对工人的要求	需要技术精湛的工人	需要技术熟练的工人	对操作工人的技术要求较低，对调整工人的技术要求较高

续表

工艺特征	生产类型		
	单件生产	成批生产	大量生产
工艺文件	只有工艺过程卡片	有工艺过程卡片，重要工序有工序卡片	有详细的工艺文件
发展趋势	箱体类复杂零件采用加工中心加工	采用成组技术，数控机床、柔性制造技术等加工	在计算机控制的自动化制造系统中加工，实现在线故障、自动报警和加工误差自动补偿

由表 1-1 可知，不同的生产类型具有不同的工艺特征。在制订零件机械加工工艺时，必须首先确定生产类型。一般生产同一产品，大量生产要比成批生产、单件生产的生产效率高，成本低，性能稳定，质量可靠。因此，产品结构的标准化、系列化就显得十分重要。推行成组技术、组织成组加工及区域性专业化生产，可使大批量生产中被广泛采用的高效率加工方法和设备应用到中小批生产中。

二、生产过程与工艺过程

机械产品制造时，将原材料转变为成品的全部过程称为生产过程。对机器生产而言包括原材料的运输和保存，生产的准备，毛坯的制造，零件的加工和热处理，产品的装配及调试，油漆，包装等内容。生产过程的内容十分广泛，现代企业用系统工程学的原理和方法组织生产和指导生产，将生产过程看成是一个具有输入和输出的生产系统。

在生产过程中，直接改变原材料（或毛坯）形状、尺寸、位置和性能，使之变为成品或半成品的过程，称为工艺过程，它是生产过程的主要部分。工艺过程又可分为铸造、锻造、冲压、焊接、热处理、机械加工、装配等类别。机械制造工艺过程一般是指零件的机械加工工艺过程和机器的装配工艺过程的总和，其他过程则称为辅助过程，例如检验、清洗、包装、转运、保管、动力供应、设备维护等。用切削的方法逐步改变毛坯或半成品的形状、尺寸和表面质量，使之成为合格的零件所进行的工艺过程，称为机械加工工艺过程。在机械制造业中，机械加工工艺过程是最主要的工艺过程。

三、机械加工工艺过程组成

机械制造工艺过程是由一系列按顺序排列的工序组成的，毛坯依次按照这些工序内容要求进行生产加工而成为成品。工序可分为工艺过程工序和辅助过程工序。工艺过程工序主要包括铸造工序、锻造工序、冲压工序、焊接工序、热处理工序、机械加工工序、装配工序等。辅助过程工序主要包括清洗工序、质检工序、包装工序、涂漆工序、转运工序等。机械加工工艺过程主要由机械加工工序组成，而机械加工工序又可细分为工步、装夹和工位。本章所提到的工序未经说明专指机械加工工序。

（一）工序

工序是指一个或一组操作者，在一个工作地点或一台机床上对同一个或同时对几个零件进行加工所连续完成的那一部分工艺过程。工序是工艺过程的基本组成单元，是安排生产作业计划、制定劳动定额和资源调配的基本计算单元。只要操作者、工作地点或机床、加工对象三者之一变动或者加工不是连续完成，就不是一道工序。同一零件、同样的加工内容也可以安排在不同的工序中完成。制定机械加工工艺过程，必须确定该工件要经过几道工序以及工序进行的顺序。仅列出主要工序名称及其加工顺序的简略工艺过程，简称为工艺路线。

（二）工步

指在同一个工序中，当加工表面不变、切削工具不变、切削用量中的进给量和切削速度不变的情况下所完成的那部分工艺过程。当构成工步的任一因素改变后，即成为新的工步。一个工序可以只包括一个工步，也可以包括几个工步。在机械加工中，有时会出现用几把不同的刀具同时加工一个零件的几个表面的工步，称为复合工步。

（三）走刀

工作行程在生产中也称为走刀。当加工表面由于被切去的金属层较厚，需要分几次切削，在加工表面上切削一次所完成的那一部分工步称为走刀，每切去一层材料称为一次走刀。一个工步可包括一次或几次走刀。

（四）安装

安装是指零件经过一次装夹后所完成的那一部分工序。将零件在机床上或夹具中定位、夹紧的过程称为装夹。在一个工序中，零件可能装夹一次，也可能需要装夹几次，但是应尽量减少装夹次数，以免产生不必要的误差和增加装卸零件的辅助时间。如果一个工序的零件经过多次装夹才能完成，则该工序包括多个安装。

（五）工位

为了减少零件装夹次数、提高生产率，常采用转位（移位）夹具、回转工作台，使零件在一次装夹后能在机床上依次占据几个不同的位置进行多次加工。零件在机床上所占据的每一个待加工位置称为工位。

第三节　机械加工质量

一、机械加工精度

（一）加工精度的概念及获取方法

1. 加工精度的概念

加工精度是指零件加工后的实际几何参数（尺寸、形状和相互位置）与理想几何参数的接近程度。实际值与理想值越接近，加工精度就越高。零件的加工精度包含尺寸精度、形状精度和位置精度。这三者之间相互关联，通常形状公差限制在位置公差内，位置公差一般限制在尺寸公差内。当尺寸精度要求高时，相应的位置精度和形状精度也要求高；但生产中也有形状精度、位置精度要求极高而尺寸精度要求不很高的表面，如机床床身导轨表面。

一般情况下，零件的加工精度越高，加工成本也越高，生产效率越低。从保证产品的使用性能分析，没有必要把每个零件都加工得绝对精确，可以允许有一定的加工误差。设计人员应根据零件的使用要求，合理地制定零件所允许的加工误差。工艺人员应根据设计要求、生产条件等因素，采取适当的工艺方法，保证加工误差不超过允许范围，并在此前提下尽量提高生产效率和降低成本。

在机械加工中，零件的尺寸、几何形状和表面间相对位置的形成，取决于工件和刀具在切削过程中相互位置的关系。而工件和刀具又安装在夹具和机床上，并受到夹具和机床的约束。因此，加工精度涉及整个工艺系统（由机床、夹具、刀具和工件构成的系统）的精度问题。工艺系统中的种种误差，在不同的具体条件下，以不同的程度和方式反映为加工误差。加工误差是指零件加工后的实际几何参数（尺寸、形状和相互位置）与理想几何参数的偏差。工艺系统的误差是“因”，加工误差是“果”。因此，把工艺系统的误差称为原始误差。切削加工中，由于各种原始误差的影响，会使刀具和工件间的位置与理想位置之间产生偏差，从而引起加工误差。加工精度和加工误差是从两个不同的角度来评定加工零件的几何参数，加工精度的高低是通过加工误差的大小来判定的，保证和提高加工精度实质上就是限制和减小了加工误差。

2. 加工精度的获取方法

（1）试切法

试切法是指操作工人在每一工步或走刀前进行对刀，切出一小段，测量其尺寸是否合适，如不合适，则调整刀具的位置，再试切一小段，直至达到尺寸要求后才加工这一尺寸的全部表面。试切法的生产效率低，且要求工人有较高的技术水平，否则不易保证加工质量，因此多用于单件小批生产。

（2）调整法

调整法是指按规定尺寸调整好机床、夹具、刀具和工件的相对位置及进给行程，保证在加工时自动获得符合要求的尺寸。采用这种方法加工时不再进行试切，生产效率大大提高，但其精度稍低，主要取决于机床和夹具的精度以及调整误差的大小。调整法可分为静调整法和动调整法两类。

（3）定尺寸刀具法

定尺寸刀具法是指利用固定尺寸的加工刀具加工工件的方法。如利用钻头、拉刀等加工孔。有些固定尺寸的孔加工刀具可以获得非常高的精度，生产效率也非常高。但是由于刀具必然有磨损，磨损后尺寸不能保证，因此成本较高，多用于大批大量生产。此外，采用成形刀具加工也属于这种方法。

(4) 主动测量法

主动测量法是指在加工过程中边加工边测量，达到要求时立即停止加工的方法。随着数字化和信息化技术的发展，主动测量获得的数值可以用数字显示，达到尺寸要求时可自动停车。这种方法的精度高，质量稳定，生产效率也高。由于要用一定型号规格的测量装置，故多应用于大批大量生产。应该注意，采用这种方法时，对前一工序的加工精度应有一定的要求。

(二) 工艺系统的几何误差

1. 机床误差

机床误差包括机床制造误差、磨损和安装误差。机床误差的项目较多，这里主要分析对零件加工精度影响较大的主轴回转误差、导轨误差及传动链误差。

(1) 主轴回转误差

机床主轴是用来装夹工件或刀具，并将运动和动力传给工件或刀具的重要零件。主轴回转误差是指主轴实际回转轴线相对其理想回转轴线的变动量。它将直接影响被加工工件的形状精度和位置精度。为便于分析，可将主轴回转误差分解为径向圆跳动、轴向圆跳动和角度摆动。

(2) 导轨误差

机床导轨是机床各部件相对位置和运动的基准，它的各项误差直接影响被加工工件的精度。现以卧式车床为例分析机床导轨误差对加工精度的影响。

(3) 传动链误差

传动链误差是指传动链始末两端传动元件间相对运动的误差。机床传动链是由若干个传动元件按一定的相互位置关系连接而成的。因此，影响传动精度的因素有：传动件本身的制造精度和装配精度；各传动件及支撑元件的受力变形；各传动件在传动链中的位置；传动件的数目。

各传动件的误差造成了传动链的传动误差，若各传动件的制造精度和装配精度低，则传动精度也低。由于传动件均有误差，则传动件越多，传动精度越低。传动件的精度对传动链精度的影响，随其在传动链中的位置的不同而不同，实践证明，越靠近末端的传动件，其精度对传动链精度的影响越大。因此，一般均使得最接近末端的传动件的精度比中间传动件的精度高 1～2 级。此外，传动件的间隙也会影响传动精度。

2. *刀具误差*

刀具误差对工件加工精度的影响，主要表现为刀具的制造误差和磨损，其影响程度随刀具种类的不同而异。

（1）定尺寸刀具

如钻头、拉刀、丝锥等，加工时刀具的尺寸和形状精度直接影响工件的尺寸和形状精度。

（2）成形刀具

如成形车刀、成形砂轮等的形状精度直接影响工件的形状精度。

（3）展成加工用的刀具

如齿轮滚刀、插刀等的精度也影响齿轮的加工精度。

（4）普通单刃刀具

如普通车刀等的精度对工件的加工精度没有直接影响，但刀具的磨损会影响工件的尺寸精度和形状精度。

3. *夹具误差*

夹具误差包括定位误差、夹紧误差、夹具的安装误差，以及夹具在使用过程中的磨损等。这些误差影响到被加工工件的位置精度、形状精度和尺寸精度。

夹具精度与基准不重合误差以及定位元件、对刀装置、导向装置的制造精度和装配精度有关。一般来说，对于 IT5～IT7 级精度的工件，夹具精度取被加工工件精度的 1/3～1/5；对于 1T8 级及其以下精度的工件，夹具精度可为工件精度的 1/5～1/10。

（三）减少受力变形对加工精度影响的措施

在机械加工中，工艺系统受力变形所造成的加工误差总是客观存在的，其影响关系为：受力—刚度—变形—加工误差。原则上，减小工艺系统受力和改变受力方向、提高工艺系统的刚度以及控制变形与加工误差之间的关系（避开误差敏感方向）等，都是减少工艺系统受力变形对加工精度影响的有效措施。由前面的分析可知，一般情况下，不变的变形量主要会造成调整尺寸和位置的误差，而由于受力变化或刚度变化引起变形量的变化会造成工件的形状误差。解决实际问题时，应根据具体的加工条件和要求，采取有效且可行的方法。

1. 提高工艺系统的刚度

这是减少受力变形最直接和有效的措施。

（1）提高接触刚度零件连接表面

由于存在宏观和微观的几何误差，使实际接触面积远小于名义接触面积，在外力作用下，这些接触处将产生较大的接触应力，引起接触变形。而当载荷增加时，随变形的增加，接触面积增大，接触刚度也随之增大。

对于一般部件，其接触刚度都低于实际零件的刚度，所以提高接触刚度是提高工艺系统刚度的关键。常用的方法是：改善工艺系统主要零件接触面的配合质量，使实际接触面积增加，尽可能减少接触面的数量。此外，在接触面之间预加载荷，可以消除间隙，提高接触刚度。这种方法在各类轴承的调节及数控机床、加工中心等的滚动导轨和滚珠丝杠中广泛应用，效果显著。

（2）提高关键零部件的刚度

在机床和夹具中，应保证支承件（如床身、立柱、横梁、夹具体等）、主轴部件和传动件有足够的刚度。

2. 控制受力大小和方向

切削加工时，切削力的大小通常是可以控制的，选择切削用量时，应根据工艺系统的刚度条件限制背吃刀量和进给量的大小；增大刀具的主偏角可减少对变形敏感的背向力。对不平衡的转动件，必要时需设置平衡块，以消除离心力的作用；针对拨销的传动力造成的形状误差，可采用双拨盘或柔性连接装置，使传动力平衡。

3. 合理装夹工件，减少受力变形

当工件本身的刚度低、易变形时，应采用合理的装夹方式。如在车削细长轴时，增设中心架或跟刀架等，用增加支承的方法减少变形；尽可能降低工件的装夹高度及减小夹紧力作用点至加工表面的距离，以提高工件刚度。

（四）工艺系统的受热变形

1. 工艺系统的热源

在机械加工过程中，工艺系统在各种热源的作用下，都会产生一定的热变形。由于热变形会产生加工误差。随着高效、高精度、自动化加工技术的发展，工艺系统热变形问题变得更为突出。在精加工中，由于热变形引起的加工误差已占到加工误差总量的40%～70%。

2. 机床热变形对加工精度的影响

机床热源的不均匀性及其结构的复杂性，使机床的温度场不均匀，机床各部分的变形程度不等，破坏了机床原有的几何精度，从而降低了机床的加工精度。

各类机床的结构和工作条件不同，其变形方式也不同。

车床类机床的主要热源是主轴箱轴承和齿轮的摩擦热，并通过主轴箱油池传热，使主轴箱和床身升温，产生的变形是主轴箱抬起、床身中凸弯曲。根据车床的工作特点，在车削圆柱面时，这种热变形不是误差敏感方向，对加工精度影响不大，而对于车削端面和圆锥面会造成较大的形状误差。

3. 减少工艺系统热变形的主要途径

（1）直接减少热源的发热及其影响

为减少机床的热变形，应尽可能将机床中的电动机、变速箱、液压系统、切削液系统等热源从机床主体中分离出去。对于不能分离的热源，如主轴轴承、传动系统、高速运动导轨副等，可以从结构、润滑等方面采取措施，以减少摩擦热的产生。例如，采用静压轴承、静压导轨，改用低黏度的润滑油、锂基润滑脂等。也可用隔热材料将发热部件和机床基础件（床身、立柱等）隔离开来。对发热量大，又无法隔热的热源，可采用有效的冷却措施，如增加散热面积或使用强制冷却的风冷、水冷、循环润滑等。一些大型精密加工机床还采用冷冻机将润滑液、切削液强制冷却。

（2）热补偿

减热降温的直接措施有时效果不理想或难以实施。而热补偿则是反其道而行之，将机床上的某些部位加热，使机床温度场均匀，从而产生均匀的热变形。对加工精度影响比较大的往往是机床形状的变化，如主轴箱上翘、床身弯曲等，如将主轴箱的左部和床身的下部用带余热的回油通过流动加热（或用热风加热），则热变形成为平行的变形，对加工精度的影响小得多。

（3）热平衡

当机床达到热平衡时，热变形趋于稳定，有利于加工精度的保证。因此精加工一般都要求在热平衡下进行。为使机床尽快达到热平衡，缩短预热期，一种方法是加工前让机床高速空转；另一种方法是在机床适当部位增设附加热源，在预热期内向机床供热，加速其热平衡。同时，精密机床应尽量避免中途停车。

（4）控制环境温度

精密机床一般安装在恒温车间，其恒温精度一般控制在±1 ℃以内。恒温室平均温度一般为20 ℃，冬季可取17 ℃，夏季取23 ℃。机床的布置位置应注意避免日光直射及受周围其他热源影响。

（五）工件的内应力

内应力是指当外载荷去掉后仍存在于工件内部的应力。存在内应力时，工件处于一种不稳定的相对平衡状态。随着内应力的自然释放或受其他因素影响而失去平衡状态，工件将产生相应的变形，破坏其原有的精度。

减小或消除内应力变形误差的途径：

1. 合理设计零件结构

在设计零件结构时，应尽量做到壁厚均匀、结构对称，以减小内应力的产生。

2. 合理安排工艺过程

工件中如有内应力产生，必然会有变形发生，应使内应力重新分布引起的变形能在进行机械加工之前或在粗加工阶段尽早发生，不让内应力变形发生在精加工阶段或精加工之后。铸件、锻件、焊接件在进入机械加工之前，应安排退火、回火等热处理工序；对箱体、床身等重要零件，在粗加工之后需适当安排时效处理工序；工件上一些重要表面的粗、精加工工序易分阶段安排，使工件在粗加工之后能有更多的时间通过变形使内应力重新分布，待工件充分变形之后再进行精加工，以减小内应力对加工精度的影响。

（六）原理误差、调整误差与测量误差

1. 原理误差

原理误差是指由于采用了近似的成形运动、近似的刀刃形状等原因而产生的加工误差。机械加工中，采用近似的成形运动或近似的刀刃形状进

行加工，虽然会由此产生一定的原理误差，但却可以简化机床结构和减少刀具数，只要加工误差能够控制在允许的制造公差范围内，就可以采用近似的加工方法。

2. 调整误差

在机械加工过程中，有许多调整工作要做，例如，调整夹具在机床上的位置，调整刀具相对于工件的位置等。由于调整不可能绝对准确，由此产生的误差称为调整误差。引起调整误差的因素很多，例如调整时所用刻度盘、样板或样件等的制造误差，测量用的仪表、量具本身的误差等。

3. 测量误差

测量误差是指工件的测量尺寸与实际尺寸的差值。加工一般精度的零件时，测量误差可占工序尺寸公差的1/10～1/5；加工精密零件时，测量误差可占工序尺寸公差的1/3左右。

产生测量误差的原因主要有：量具、量仪本身的制造误差及磨损，测量过程中环境温度的影响，测量者的测量读数误差，测量者施力不当引起量具、量仪的变形等。

（七）提高加工精度的途径

如前所述，在机械加工中，由于工艺系统存在各种原始误差，这些误差不同程度地反映为工件的加工误差。因此，为保证和提高加工精度，必须设法直接控制原始误差的产生或控制原始误差对工件加工精度的影响。

1. 减小或消除原始误差

提高工件加工时所使用的机床、夹具、量具及工具的精度，以及控制工艺系统受力、受热变形等均可以直接减少原始误差。为有效地提高加工精度，应根据不同情况对主要的原始误差采取措施加以减少或消除。对精密零件的加工，应尽可能提高所使用机床的几何精度、刚度，并控制加工过程中的热变形；对低刚度零件的加工，主要是尽量减少工件的受力变形；对型面零件的加工，主要是减少成形刀具的形状误差及刀具的安装误差。

2. 补偿或抵消原始误差

误差补偿是指人为地造成一种误差去抵消加工过程中的原始误差的方法。误差抵消是指利用原有的一种误差去抵消另一种误差，尽量使两者大小相等，方向相反的方法。这两种方法在方式上虽有区别，但在本质上却没有什么不同。所以，在生产中往往把两者统称为误差补偿。这种方法应用较多。

例如，在精密丝杠车床上采用的螺距校正装置，在螺纹磨床上采用的温度校正尺以及齿轮机床上的传动链校正装置等都采用了误差补偿法。安装到适当位置，使分度、转位误差处于零件加工面的切线方向，则可显著减少其影响。

3. 转移原始误差

对于工艺系统的原始误差，也可以在一定条件，使其转移到不影响加工精度的方向或误差的非敏感方向，这样就可在不减小原始误差的情况下，获得较高的加工精度。

例如，对于箱体零件的孔系加工，单件小批量生产时采用精密量棒和千分表实现精密坐标定位；成批生产时，采用镗模夹具进行加工。对于具有分度或转位的多工位加工，若将切削刀具安装到适当位置，使分度、转位误差处于零件加工面的切线方向，则可以显著减小影响。

二、机械加工表面质量

（一）表面质量对耐磨性的影响

1. 表面粗糙度对耐磨性的影响

表面粗糙度值大，接触表面的实际压强增大，粗糙不平的凸峰间相互咬合、挤裂，使磨损加剧，表面粗糙度值越大越不耐磨；但表面粗糙度值也不能太小，表面太光滑，因存不住润滑油使接触面间容易发生分子黏结，也会导致磨损加剧。

2. 表面纹理对耐磨性的影响

在轻载运动副中，两相对运动零件表面的刀纹方向均与运动方向相同时，耐磨性好；两者的刀纹方向均与运动方向垂直时，耐磨性差，这是因为两个摩擦面在相互运动中，切去了妨碍运动的加工痕迹。但在重载时，两相对运动零件表面的刀纹方向均与相对运动方向一致时容易发生咬合，磨损量反而大；两相对运动零件表面的刀纹方向相互垂直，且运动方向平行于下表面的刀纹方向，磨损量较小。

3. 表面冷作硬化对耐磨性的影响

机械加工后的表面，由于冷作硬化使表面层金属的显微硬度提高，可降低磨损。加工表面的冷作硬化，一般能提高耐磨性；但是过度的冷作硬化将使加工表面金属组织变得疏松，严重时甚至出现裂纹，使磨损加剧。

（二）表面质量对配合性质的影响

加工表面如果太粗糙，必然要影响配合表面的配合质量。对于间隙配合表面，初期磨损的影响最为显著，零件配合表面的起始磨损量与表面粗糙度的平均高度成正比增加，原有间隙将因急剧的初期磨损而改变，表面粗糙度越大，变化量就越大，从而影响配合的稳定性。对于过盈配合表面，表面粗糙度越大，两表面相配合时的表面凸峰易被挤掉，这会使过盈量减少。对于过渡配合表面，则兼有上述两种配合的影响。

（三）表面质量对耐疲劳性的影响

表面粗糙度对承受交变载荷零件的疲劳强度影响很大。在交变载荷作用下，表面粗糙度的凹谷部位容易引起应力集中，产生疲劳裂纹。表面粗糙度值越小，表面缺陷越少，工件耐疲劳性越好；反之，加工表面越粗糙，表面的纹痕越深，纹底半径越小，其抵抗疲劳破坏的能力越差。表面粗糙度对耐疲劳性的影响还与材料对应力集中的敏感程度及材料的强度极限有关。钢材对应力集中最为敏感，钢材的极限强度越高，对应力集中的敏感程度就越大，而铸铁和非铁金属对应力集中的敏感性较弱。

表面层金属的冷作硬化能够阻止疲劳裂纹的生长，可提高零件的耐疲劳性。在实际加工中，加工表面在发生冷作硬化的同时，必然伴随产生残余应力。残余应力有拉应力和压应力之分，拉应力将使耐疲劳性下降，而压应力将使耐疲劳性提高。

（四）表面质量对耐蚀性的影响

零件的耐蚀性在很大程度上取决于表面粗糙度。大气里所含气体和液体与金属表面接触时，会凝聚在金属表面上而使金属腐蚀。表面粗糙度值越大，加工表面与气体、液体接触的面积越大，腐蚀物质越容易沉积于凹坑中，耐蚀性能就越差。

当零件表面层有残余压应力时，能够阻止表面裂纹进一步扩大，有利于提高零件表面抵抗腐蚀的能力。

第四节　机械加工工艺过程设计

一、机械加工工艺规程的概念

机械加工工艺规程是规定产品或零部件机械加工工艺过程和操作方法等的工艺文件，它是在具体的生产条件下，把较为合理的工艺过程和操作方法，按照规定的形式书写成工艺文件，经审批后用来指导生产。机械加工工艺规程一般包括以下内容：工艺路线、各工序的具体内容及所用的设备和工艺装备、工件的检验项目及检验方法、切削用量、时间定额等。

其中，工艺路线是指产品或零部件在生产过程中，由毛坯准备到成品包装、入库各个过程的先后顺序，是描述物料加工、零部件装配等操作顺序的技术文件，是多个工序的序列。工艺装备（简称工装）是产品制造过程中所用各种工具的总称，包括刀具、夹具、量具、模具和其他辅助工具等。

二、机械加工工艺规程的作用

（一）工艺规程是指导生产的重要技术文件

工艺规程是依据工艺学原理和工艺试验，在总结实际生产经验和科学分析的基础上，经过生产验证而确定的，是科学技术和生产经验的结晶。所以，它是获得合格产品的技术保证，是指导企业生产活动的重要文件。因此，在生产中必须遵守工艺规程，只有这样才能实现优质、高产、低成本和安全生产。但是，工艺规程也不是固定不变的，技术人员经过总结、革新和创造，可以根据生产实际情况，对现行工艺不断地进行改进和完善，但必须要有严格的审批手续。

（二）工艺规程是生产准备和生产管理的重要依据

生产计划的制定，产品投产前原材料和毛坯的供应、工艺装备的设计、制造与采购、机床负荷的调整、作业计划的编排、劳动力的组织、工时定额的制定以及成本的核算等，都是以工艺规程作为基本依据。

（三）工艺规程是设计或改（扩）建工厂的主要依据

在新建和扩建工厂（车间）时，生产所需要的机床和其他设备的种类、数量和规格，车间的面积、机床的布置，生产工人的工种、技术等级及数量，辅助部门的安排等都是以工艺规程为基础，根据生产类型来确定。

（四）工艺规程是工艺技术交流的主要文件形式

工艺规程还起着交流和推广先进制造技术经验的作用。典型工艺规程可以缩短工厂摸索和试制的过程。

经济合理的工艺规程是在一定的技术水平及具体的生产条件下制定的，是相对的，是有时间、地点和条件的。因此，虽然在生产中必须遵守工艺规程，但工艺规程也要随着生产的发展和技术的进步不断改进，生产中出现了新问题，就要以新的工艺规程为依据组织生产。但是，在修改工艺规程时，必须采取慎重和稳妥的步骤，即在一定的时间内要保证既定的工艺规程具有一定的稳定性，要力求避免贸然行事，决不能轻率地修改工艺规程，以免影响正常的生产秩序。

三、机械加工工艺规程的内容和格式

机械加工工艺规程的主要内容包括工艺路线、设备和工艺装备、切削用量、时间定额等。这些内容规定了零部件生产过程中各个环节所必须遵循的方法、步骤和技术要求，包括产品特征和质量标准、原材料及辅助原料的特征和质量标准、生产工艺流程、主要工艺技术条件、半成品质量标准、生产工艺主要工作要点、主要技术经济指标和成品质量指标的检查项目及次数、工艺技术指标的检查项目及次数、专用器材特征及质量标准等。

各企业所用工艺规程根据企业具体情况而定，格式虽不统一，但内容大同小异。一般来说，工艺规程的形式按其内容详细程度，可分为以下几种。

（一）工艺过程卡片

它是以工序为单位简要说明产品或零部件的加工过程的一种工艺文件，是一种最简单和最基本的工艺规程形式，它对零件制造全过程作出粗略的

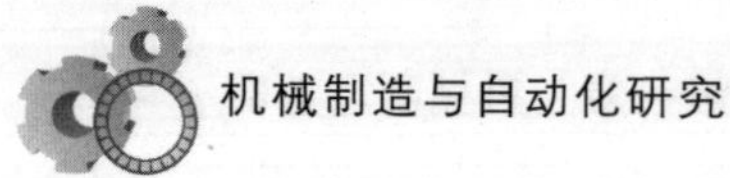

描述。卡片按零件编写，标明零件加工路线、各工序采用的设备和主要工装以及工时定额。只有在单件小批量生产中才用它来直接指导工人的加工操作。

（二）工艺卡片

它是按产品或零部件的某一工艺阶段编制的一种工艺文件。它以工序为单元，对毛坯性质、加工顺序、各工序所需设备、工艺装备的要求、切削用量、检验工具及方法、工时定额都作出具体规定，它一般是按零件的工艺阶段分车间、分零件编写，包括工艺过程卡的全部内容，只是更详细地说明了零件的加工步骤，卡片上有时还需附有零件草图。工艺卡片广泛应用于成批生产或重要零件的单件小批生产。

（三）工序卡片

它是在工艺过程卡片或工艺卡片的基础上，按每道工序所编制的一种工艺文件，一般具有工序简图，并详细说明该工序的每个工步的加工内容、工艺参数、操作要求以及所用工艺装备等。多用于大批大量生产及重要零件的成批生产。

实际生产中应用什么样的工艺规程要视产品的生产类型和所加工的零部件具体情况而定。另外，在成组加工技术中，还有应用典型工艺过程卡片、典型工艺卡片和典型工序卡片；对自动、半自动机床或某些齿轮加工机床的调整，应用调整卡片；而对检验工序则有检验工序卡片等其他类型的工艺规程格式。

四、工艺规程的设计原则

（一）技术上的先进性

在制定工艺规程时，要了解国内外本行业工艺技术的发展，通过必要的工艺试验，尽可能采用先进适用的工艺和工艺装备。

（二）经济上的合理性

在一定的生产条件下，可能会出现几种能够保证零件技术要求的工艺方案。此时应通过成本核算或相互对比，选择经济上最合理的方案，使产品生产成本最低。

（三）良好的劳动条件及避免环境污染

在制定工艺规程时，要注意保证工人操作时有良好、安全的劳动条件。因此，在工艺方案上要尽量采取机械化或自动化措施，以减轻工人繁重的体力劳动。同时，要符合国家环境保护法的有关规定，避免环境污染。

产品质量、生产率和经济性这三个方面有时相互矛盾，因此，合理的工艺规程应该处理好这些矛盾，体现这三者的统一。

五、制定工艺规程的原始资料和步骤

（一）制定工艺规程的原始资料

在制定工艺规程时，通常应具备下列原始资料。(1) 产品的全套装配图和零件工作图。(2) 产品验收的质量标准。(3) 产品的生产纲领（年产量）和生产类型。(4) 毛坯资料。毛坯资料包括各种毛坯制造方法的技术经济特征、各种材料的品种和规格、毛坯图等。在无毛坯图的情况下，需实际了解毛坯的形状、尺寸及力学性能等。(5) 现场的生产能力和生产条件。为了使制定的工艺规程切实可行，一定要考虑现场的生产条件。因此要深入生产实际，了解毛坯的生产能力及技术水平、加工设备和工艺装备的规格及性能、工人的技术水平以及专用设备及工艺装备的制造能力等。(6) 有关的工艺手册及图册。

（二）制定工艺规程的步骤

第一步，计算年生产纲领，确定生产类型。

第二步，分析零件图及产品装配图，对零件进行工艺分析。零件的工艺分析包括下面内容。(1) 分析和审查零件图纸。通过分析产品零件图及有关的装配图，了解零件在机器中的功用，在此基础上进一步审查图纸的完整性和正确性。例如，图纸是否符合有关标准，是否有足够的视图，尺寸、公差要求的标注是否齐全等。若有遗漏或错误，应及时提出修改意见，并与有关设计人员协商，按一定手续进行修改或补充。(2) 审查零件材料的选择是否恰当。零件材料的选择应立足于国内，尽量采用我国资源丰富的材料，不能随便采用贵重金属。此外，如果材料选得不合理，可能会使整个工艺过程的安排发生问题。

六、工序顺序的安排

（一）机械加工工序的安排

1. 先基准后其他

用作精基准的表面，要首先加工出来。所以，第一道工序一般是进行定位面的粗加工和半精加工（有时包括精加工），然后再以精基准表面定位加工其他表面。如轴类零件先加工中心孔，齿轮零件先加工基准孔和基准端面等。如果精基准不止一个，则应按基准的转换顺序和精度逐步提高的原则安排各精基准的加工。对于某些精度较高的零件，在后续的加工阶段中还应对精基准进行再加工和修研，以保证其他表面的精度。

2. 先主后次

先安排主要表面的加工，再把次要表面的加工工序插入其中。因为主要表面加工容易出废品，应放在前阶段进行，以减少工时浪费。次要表面主要指键槽、螺孔、螺纹连接等表面。次要表面一般都与主要表面有一定的位置要求，需要以主要表面为基准进行加工，一般安排在主要表面的半精加工之后，精加工之前进行。

3. 先粗后精

零件的加工应划分加工阶段，先进行粗加工，然后半精加工，最后是精加工和光整加工，应将粗、精加工分开进行。

4. 先面后孔

考虑零件的结构特点和装配精度要求，如箱体类零件的主要特点是平面所占轮廓尺寸较大，轮廓平整，用平面定位比较稳定、可靠，因而可先加工平面，后加工内孔，以便于加工孔时定位安装，利于保证孔与平面的位置精度，同时，也给孔加工带来方便。

（二）热处理工序的安排

1. 预备热处理

预备热处理的目的是改善材料的加工性能，消除应力，为最终热处理做好准备，如正火、退火和实效处理。它们一般安排在粗加工前、后和需要消除应力的地方。放在粗加工前，可改善粗加工时材料的加工性能，并可减少车间之间的运输工作量。放在粗加工后，有利于粗加工后残余应力的消除。调质是对零件淬火后再高温回火的热处理方法，能消除内应力、得到组织均匀细致的回火索氏体，改善切削性能并能获得较好的综合机械性能，有时作为预备热处理，常安排在粗加工后。对一些性能要求不高的零件，调质也常作为最终热处理安排在精加工之前进行。

2. 最终热处理

最终热处理的目的主要是提高力学性能，提高零件的硬度和耐磨性，常用的有淬火、渗碳淬火、渗氮、氧化等。它们常安排在精加工（磨削）之前进行，其中渗氮由于热处理温度较低，零件变形很小，也可以安排在精加工之后。

（三）辅助工序的安排

辅助工序的种类较多，包括检验、去毛刺、倒棱、清洗、防锈、去磁、探伤和平衡等。辅助工序也是必要的工序，如果安排不当或遗漏，将会给后续工序和装配带来困难，影响产品质量，甚至使机器不能正常使用。例如，未去净的毛刺将影响装夹精度、测量精度、装配精度甚至人身安全。零件中未清洗干净的切屑、研磨剂及残存的磨料等，会加剧零件在使用过程中的配合表面的磨损。因此，要重视辅助工序的安排。检验工序是主要的辅助工序，除每道工序由操作者自行检验外，需要在下列场合单独安排检验工序：在粗加工之后，精加工之前；重要工序前后；零件转换加工车间前后；全部加工工序完成后。探伤工序用来检查工件的内部质量，一般安排在精加工阶段。密封性检验、工件平衡和重量检验一般都安排在工艺过程的最后进行。

第二章　自动化技术及应用

第一节　自动化学科的前沿技术

一、机器人及其应用

（一）工业机器人

工业机器人由操作机（机械本体）、控制器、伺服驱动系统和传感装置构成，是一种仿人操作、自动控制、可重复编程、能在三维空间完成各种作业的光、仪和电一体化自动化生产设备，特别适合于多品种、变批量的柔性生产。

1. 操作机

通过有限元分析、模态分析及仿真设计等现代设计方法的运用，机器人操作机已实现了优化设计。

2. 控制器

控制器的性能进一步提高，已由过去控制标准的 6 轴机器人发展到现在能够控制 21 轴甚至 27 轴，并且实现了软件伺服和全数字控制。

3. 传感装置

激光传感器、视觉传感器和力传感器在机器人系统中已得到成功应用，并实现了焊缝自动跟踪和自动化生产线上物体的自动定位以及精密装配作业等，大大提高了机器人的作业性能和对环境的适应性。

4. 并联机构

采用并联机构，利用机器人技术，实现高精度测量及加工，这是机器人技术向数控技术的拓展，为将来实现机器人和数控技术一体化奠定了基础。

5. 网络通信

机器人控制器已实现了与CAN总线、PROFIBUS总线及一些网络的连接，使机器人由过去的独立应用向网络化应用迈进了一大步，也使机器人由过去的专用设备向标准化设备发展。

（二）特种机器人

非制造业领域机器人与制造业的相比，其主要特点是工作环境的非结构化和不确定性，因而对机器人的要求更高，需要机器人具有行走功能，对外感知能力以及局部的自主规划能力等，是机器人技术的一个重要发展方向。

1. 水下机器人

水下机器人已用于海洋石油开采、海底勘查、救捞作业、管道敷设和检查、电缆敷设和维护以及大坝检查等方面，形成了有缆水下机器人和无缆水下机器人两大类。

2. 空间机器人

空间机器人是特种机器人的重要研究领域。

3. 地下机器人

地下机器人主要包括采掘机器人和地下管道检修机器人两大类，主要研究内容为机械结构、行走系统、传感器及定位系统、控制系统、通信及遥控技术。

4. 医用机器人

医用机器人主要研究内容包括医疗外科手术的规划与仿真、机器人辅助外科手术、最小损伤外科、临场感外科手术等。

5. 军用机器人

目前，国外军用机器人发展十分迅速，类型已达上百种，功用更是多种多样，有侦察、保障、排雷、防化、进攻、防御等。具体有机器人地雷、机器人坦克、智能枪、智能火炮、排雷（弹）机器人、防核生化机器人、侦察机器人、智能飞机、智能导弹和机器人潜水器等。

（三）机器人促进了自动化成套装备

自动化成套装备是指以机器人为核心，以信息技术和网络技术为媒介，将所有设备连接到一起而形成的大型自动化生产线。它是先进制造装备的典型代表，是发展先进制造技术实现生产线的数字化、网络化和智能化的重要手段，目前已成为国内外极受重视的高新技术应用领域。

在发达国家中，以机器人为核心的自动化生产线成套装备已成为自动化成套装备的主流，也是自动化生产线成套设备今后的发展方向。国外汽车行业、电子和电器行业、物流与仓储行业等已大量使用机器人自动化生产线，保证了这些产品的质量和生产过程的高效，典型的有大型轿车壳体冲压自动化系统和成套装备、大型机器人车体焊装自动化系统和成套装备、电子和电器的机器人柔性自动化装配及检测成套装备、机器人整车及发动机装配自动化系统和成套装备、物流与仓储自动化成套技术及装备等，这些机器人设备的使用推动了这些行业的快速发展，提高了这些制造技术的先进性。

二、导弹和制导武器的控制

（一）导弹的自主式制导

自主式制导不需要提供目标的直接信息，也不需要弹体以外的设备配合，而仅靠弹体自身装载的测量仪器测量地球的某些物理特征，从而确定弹体的飞行轨道，控制引导弹体命中目标。自主式制导的特点是弹体的飞行完全自主，因而不易受干扰。但由于制导程序是预先确定的，所以这种制导方式只适于攻击地面固定目标。自主式制导又分为相关制导和惯性制导两种。

相关制导是指在武器的飞行过程中，利用预先储存的飞经路线的某些特征数据，与实际飞行过程中探测到的相关数据不断进行比较，来修正武器的飞行路线的制导方式。属于这种制导方式的主要有以下 3 种。

1. 地形匹配制导

地形匹配制导是根据侦察照相，获取导弹预定攻击目标及沿途航线上的地形、地貌情报，并据此作专门的标准地貌图。例如，在一块 10 km×2 km 的长方形区域内，可以划分成成百上千个小方格，在每个小方格内都标上该处地面的平均标高，这样，一幅数字地图就出现了。把这幅预先测定的数字地图存入弹体计算机，导弹在实际飞行的过程中，利用雷达高度

表和气压高度表连续测量飞经地区的实际地面海拔高度，并把这一数据输入计算机与预定弹道的相关数据进行比较，如发现已偏离预定飞行轨道，计算机会将需要纠正的偏差修正量以指令形式传给自动控制装置，使导弹“改邪归正”，及时回到预定轨道上来。然而，在导弹的整个射程内，要把沿途地形全部做成数字地图存入导弹的计算机是不可能的，所以一般只能沿其飞行弹道选定3～4个定位区予以修正。如“战斧”巡航导弹飞行轨道的中段就采用了这种制导方式。

2. 景象匹配制导

景象匹配制导是利用导弹上的“景象匹配区域相关器”获取目标区域景物图像，然后把目标及其周围的景象与弹体计算机存储的原摄影景象进行比较，从而确定目标的位置，“验明正身”确认目标无疑时再进行攻击，因而这是一种高度精确的末端制导方式。

3. 程序制导

程序制导是预先将导弹命中目标所需要的飞行弹道，存储在程序控制机构内。导弹发射后，弹上程序控制机构按照预先安排好的飞行方案，按时输出控制指令，按部就班地控制导弹按预定弹道飞向目标。

（二）导弹的遥控式制导

遥控式制导是指弹体的飞行受设在弹体以外的制导站控制。制导站的位置可设于地面上、舰船上或飞机上。指挥站就像一个前方指挥所，它根据跟踪测量系统测得的目标和弹体的相对位置和运动参数，形成制导指令并发送给弹体，弹体接受到指令后，由自动驾驶仪控制弹体，按指挥员的意图飞行，直至命中目标完成任务。遥控制导可分为指令制导和波束制导两类。其中指令制导按指令传输手段的不同，又有以下几种制导方式。

1. 有线指令制导

有线指令制导是指利用导线传输指令的遥控制导。这种制导系统主要由制导控制装置、光学瞄准镜、操作手柄和控制导线组成，导弹发射后，操作手需用瞄准镜瞄准目标，同时还要跟踪导弹，并从镜内判断出导弹的飞行偏差，用操作手柄产生控制指令不断修正其偏差，导线把控制指令传输给导弹；引导导弹飞向目标。这种制导系统的优点是精度高，抗干扰能力强，缺点是操作难度大，操作手既要瞄准目标，又要跟踪导弹，一有差错导弹就会失控。现在先进的有线制导系统将金属导线改为光纤，并增加了一部红外测角仪，由它自动跟踪导弹并测出导弹飞行方向与瞄准线的偏角，操作手只需始终用光学瞄准镜的十字线跟踪瞄准目标即可，这种系统不仅操作简单，而且精度高，并提高了射程和抗干扰能力。

2. 无线电指令制导

无线电指令制导是利用无线电传输指令的遥控制导，制导站由目标跟踪雷达、导弹跟踪雷达、解算装置、指令发射天线组成。它的工作过程是这样的：目标跟踪雷达发现目标后，将目标诸元输入计算机，导弹发射后，导弹跟踪雷达把导弹的运动参数也输入计算机，计算机算出制导指令经过指令发射天线传给导弹。弹上接收机将指令转换成控制导弹的信号，导引其飞向目标。这种制导方式的跟踪探测系统主要是雷达，因此优点是作用距离远，制导精度高，但易受电子干扰和反辐射导弹的袭击，还需采用多种综合抗干扰措施来配合。

3. 电视指令制导

电视指令制导系统的主要器件有导弹头部的微型电视摄像机和制导站的电视接收机、无线电指令发射机等。导弹发射后，其头部的电视摄像机不断地将目标及其周围环境摄取下来，把信号发回制导站。制导站的电视接收机将图像显示出来，导弹操纵员调整目标图像至荧光屏十字线中心的过程，就是向导弹发出指令的过程。若荧光屏上的十字线中心对准目标图像，导弹就会准确命中目标。这种制导方式可使制导站对攻击情况一目了然，在多目标的情况下，便于操纵员选择最重要的目标进行攻击，导弹发射后，装有制导站的车辆、舰船或飞机即可退出目标区，以保证其安全。

三、虚拟仪器

虚拟仪器（Virtual Instrument，VI）是首先由美国国家仪器公司（National Instruments，NI）提出来的，作为全球虚拟仪器技术的领导者，NI 每年为客户提供了很多套的虚拟仪器测量设备和控制设备。多年来，虚拟仪器技术以其灵活的软件以及计算机技术的强大硬件功能使其得到了在测试、控制和设计等各个方面的应用，从而使微机直接参与了物理、化学和生物等各种特性的精确的模拟测量和数字测量，也使计算机技术在工业测量的各个领域得到了更广泛的应用。

（一）虚拟仪器的概念

什么是虚拟仪器？它与传统仪器又有哪些不同之处呢？首先，虚拟仪器由用户定义的基于计算机的仪器，而传统仪器，则功能固定，且由厂商确定、由用户选用。虚拟仪器的组成以及它同传统仪器具有许多相同的结构组件，但是在体系结构原理上完全不同。每一个虚拟仪器系统都由 2 部分组成：软件和硬件。对于一个测量任务，虚拟仪器系统的价格与具有相似功能的传统仪器基本相等，甚至比传统仪器的价格低很多倍。而且，由于虚拟仪器在测量任务需要改变时具有更大的灵活性，因而随着时间的流逝，节省的成本也是不断累计。不使用厂商定义的、预封装好的软件和硬件，用户可以获得了最大的自己定义界面构图的灵活性。传统仪器把所有软件和测量电路封装在一起，利用仪器前面板为用户提供一组有限的功能。而虚拟仪器系统提供的则是完成测量或控制任务所需的所有软件和硬件设备，功能完全由用户来自己定义。此外，利用虚拟仪器计数，工程师们还可以使用高效且功能强大的软件，来自定义数据采集、分析、存储、共享和显示的功能。

（二）虚拟仪器的硬件和软件

虚拟仪器的硬件主要由 2 部分组成，第 1 部分就是计算机的硬件平台，可以是各种微机或其他类型的计算机；第 2 部分就是测试功能硬件，主要是指各种总线系统，例如：

（1）通用接口总线（General Purpose Interface Bus，GPIB）；

（2）总线系统（Vmebus eXtension for Instrumentation，VXI）；

（3）总线系统（PCIeXtension for Instrumentation，PXI）；

（4）数据采集系统（Data Ac Quisition，DAQ）。

硬件系统的作用就是数据采集，并进行数据转换、采样、编码和传输等。

虚拟仪器的软件系统主要包括：虚拟仪器软件体系结构（Virtual Instrument Software Architecture，VISA）、驱动程序和应用程序等。其中 VISA 是标准的输入、输出（I/O）接口函数库，可执行仪器总线的特殊功能，在开发仪器驱动程序时，可以调用这些操作函数集。基本上，虚拟仪器系统是基于软件的，所以如果只要是可以数字化的东西，就可以对它进行测量。由此可见，虚拟仪器硬件在技术上是世界一流的。虚拟仪器的重要策略就是驱使虚拟仪器软件和硬件设备加速地发展。虚拟仪器的发展是和诸如 Microsoft、Intel、Analog Devices、Xilinx 等各大公司的高投入分不开的，NI 使用 Microsoft 的操作系统（OS）在开发工具方面节省了巨大的投资。在硬件方面，虚拟仪器基于 Analog Devices 在 A/D 转换器方面发展，从而节省了自己投资。

四、虚拟现实技术

虚拟现实（Virtual Reality，VR）技术，又称灵境技术，它是在通常的动态系统模拟及传统的三维动画基础上逐渐发展起来的，它综合利用了三维图形处理技术、模拟技术、传感技术、人机交互界面技术和动画显示技术等，来生成逼真的三维视觉的感觉世界，让观察者可以从自己的视点出发，对所产生的虚拟世界进行浏览和交互式考察，所以它是一门多学科交叉应用的综合技术。

（一）虚拟现实的种类

虚拟现实系统按其功能高低大体可分为 4 类。

1. 桌面虚拟现实系统，也称窗口中的 VR

它可以通过一般的微机显示屏实现，所以成本较低，功能也最简单，主要属于计算机辅助设计、计算机辅助制造、建筑设计和桌面游戏等领域。

2. 沉浸式虚拟现实系统

如各种用途的体验器，使人有身临其境的感觉，各种仿真培训、演示以及高级游戏等用途均可用这种系统。

3. 分布式虚拟现实系统

它在因特网环境下，充分利用分布于各地的资源，协同开发各种虚拟现实的环境。它通常是浸沉虚拟现实系统的发展，也就是把分布于不同地方的沉浸虚拟现实系统，通过因特网连接起来，共同实现某种用途。如美国大型军用交互仿真系统 NPSNet，以及因特网上多人游戏 MUD，便是这类系统。

4. 增强现实又称混合现实系统

是把真实环境和虚拟环境结合起来的一种系统，即部分真实环境由虚拟环境取代，这样既可减少构成复杂真实环境的开销，又可对虚拟环境部分进行操作，从而真正达到了亦真亦幻的境界，是今后发展的方向。

（二）虚拟现实的构成模块和关键技术

1. 虚拟现实系统

主要由以下各个模块构成。

（1）检测模块

检测用户的操作命令，并通过传感器模块作用于虚拟环境。

（2）反馈模块

接受来自传感器模块信息，为用户提供实时反馈。

（3）传感器模块

一方面接受来自用户的操作命令，并将其作用于虚拟环境；另一方面将操作后产生的结果以各种反馈的形式提供给用户。

（4）控制模块

对传感器进行控制，使其对用户、虚拟环境和现实世界产生作用。

（5）建模模块

获取现实世界组成部分的三维表示，并由此构成对应的虚拟环境。

2. 虚拟现实的关键技术

可以包括以下几个方面。

（1）动态环境建模技术

虚拟环境的建立是虚拟现实技术的核心内容。动态环境建模技术的目的是获取实际环境的三维数据，并根据应用的需要，利用获取的三维数据建立相应的虚拟环境模型。三维数据的获取可以采用 CAD 技术（有规则的环境），而更多的环境则需要采用非接触式的视觉建模技术，两者的有机结合可以有效地提高数据获取的效率。

（2）实时三维图形生成技术

三维图形的生成技术已经较为成熟，其关键是如何实现“实时”生成。为了达到实时的目的，至少要保证图形的刷新率不低于 15 帧/秒，最好是高于 30 帧/秒。在不降低图形的质量和复杂度的前提下，如何提高刷新频率将是该技术的研究内容。

(3) 立体显示和传感器技术

虚拟现实的交互能力依赖于立体显示和传感器技术的发展。现有的虚拟现实还远远不能满足系统的需要。例如，数据手套有延迟大、分辨率低、作用范围小和使用不便等缺点；虚拟现实设备的跟踪精度和跟踪范围也有待提高，因此有必要开发新的三维显示技术。

（三）虚拟现实技术的应用领域

虚拟现实技术的应用前景是很广阔的。它可应用于建模与仿真、科学计算可视化、设计与规划、教育与训练、遥作与遥视、医学、艺术与娱乐等多个方面。另外，虚拟现实系统在远程教育、科学计算可视化、工程技术、建筑、电子商务、交互式娱乐和艺术等领域都有着极其广泛的应用前景。利用它可以创建多媒体通信和设计协作系统、实景式电子商务、网络游戏和虚拟社区的全新的应用系统等。下面分别介绍几个典型的应用：

1. 教育应用

虚拟现实系统用于建造人体模型、电脑太空旅游、化合物分子结构显示等领域，由于数据更加逼真，大大提高了人们的想象力、激发了受教育者的学习兴趣，学习效果十分显著。同时，随着计算机技术、心理学和教育学等多种学科的相互结合、促进和发展，系统因此能够提供更加协调的人机对话方式。

2. 工程应用

当前的工程很大程度上要依赖于图形工具，以便直观地显示各种产品，目前，CAD/CAM 已经成为机械、建筑等领域必不可少的软件工具。虚拟现实系统的应用将使工程人员能通过全球网或局域网按协作方式进行三维模型的设计、交流和发布，从而进一步提高生产效率并削减成本。

3. 商业应用

对于那些期望与顾客建立直接联系的公司，尤其是那些在它们的主页上向客户发送电子广告的公司，因特网具有特别的吸引力。虚拟系统的应用有可能大幅度改善顾客购买商品的经历。例如，顾客可以访问虚拟世界中的商店，在那里挑选商品，然后通过因特网办理付款手续，商店则及时把商品送到顾客手中。

4. 娱乐应用

娱乐领域是虚拟现实系统的一个重要应用领域。它能够提供更为逼真

的虚拟环境，从而使人们能够享受其中的乐趣，带来更好的娱乐感觉。用户可以使用一个鼠标、游戏杆或其他操作工具，随意“行走”在方案规划中的居住小区或购物中心，任意进入其中的建筑，甚至可以乘坐电梯，上到二楼去看一看新店铺的门面设计，感受一下购物中心大厅的装饰和其透过明媚阳光的天窗。

五、多代理系统的应用

（一）代理的结构

代理系统是一个高度开放的智能系统，其结构将直接影响到系统的性能和智能程度。例如，一个在自主环境中自主移动的机器人需对它面临的各种复杂地形、地貌、通道状况及环境信息作出实时感知和决策，控制执行机构完成各种运动操作，实现导航、跟踪、越野等功能，并保证移动机器人处于最佳的运动状态。这就要求构成该移动机器人系统的各个代理，自主地完成局部问题求解任务，显示出较高的求解能力，并通过各代理之间的协作来完成全局任务。人工智能的任务就是设计代理程序，即实现代别从感知到动作的映射函数。这种代理程序需要在某种称为结构的计算设备上运行。这种结构可以是一台普通的计算机，或者可能包含执行某种任务的特定硬件，还可能包括在计算机和代理程序间提供某种程度隔离的软件，以便在更高层次上进行编程。一般意义上，体系结构可以通过传感器感知周围的状态，并把结果送给程序，即智能节点或称为代理，然后代理根据信息处理的结果去调整执行器，使其做出相应的动作。可见，代理、体系结构和程序之间存在如下关系：

代理＝体系结构+程序

代理必须利用知识修改其内部心理状态，以适应环境变化和协作求解的需要。代理的行动首先应该受到其内部心理状态驱动。人类心理状态的要素有认知（信念、知识和学习等）、情感（愿望、兴趣和爱好等）和意向（意图、目标、规划和承诺等）三种，因此，对智能代理来说，要确立信念、愿望和意图之间的关系及其形式化描述，从而建立代理的信念—愿望—意图模型，这样才能对代理系统进行深入的研究。

（二）代理的特点

代理作为智能主体，一般具有以下特点。

1. 代理性（Action On Behalf Others）

代理具有代表他人的能力工作，这是代理的第一特征。

2. 自制性（Autonomy）

一个代理是一个独立的计算实体，具有不同程度的自制能力。它能在非事先规划、动态的环境中解决实际问题，在没有用户参与的情况下，独立发现和索取符合用户需要的资源、服务等。

3. 主动性（Proactivity）

代理能够遵循承诺采取主动，表现面向目标的行为。在互联网上的代理可以漫游全网，为用户收集信息，并将信息提交给用户。

4. 反应性（Reactivity）

代理能感知环境并对环境作出适当的反应。

5. 社会性（Social Ability）

代理具有一定的社会性，即它们可能同代理代表的用户资源以及其他代理进行交流。

（三）代理系统的智能性

由于代理本身存储有知识，并且具有逻辑推理功能，所以每个单一的代理都具有一定的智能性，即每个代理都是一个具有一定智能的决策节点。这种由代理组成的系统，就构成了分布式的人工智能系统。代理作为人工智能研究的重要分支已经越来越受到高度重视。随着网络的发展，多代理系统和移动代理不断在网络中得到试验。这样的系统存在于网络之中，就不仅使网络成为并行分布计算的有力工具，而且将使网络成为并行分布式的智能推理的强大工具。这就使对智能代理的研究具有了更加突出的潜力和前景。在这方面的研究包括代理系统的分析和建模。

六、数控机床及其应用

数控机床是现代制造业的关键设备，是数控技术中难度大、应用范围广的技术。它集计算机控制、高性能伺服驱动和精密加工技术于一体，广

泛应用于复杂曲面的高效、精密和自动化加工过程中。数控机床也是发电、船舶、航天航空、模具和高精密仪器等民用工业和军工部门迫切需要的关键加工设备。国际上把数控技术作为一个国家工业化水平的标志。数控机床是为适应多面体和曲面体零件加工而出现的。随着机床复合化技术的新发展，在数控车床的基础上，又很快生产出了能进行铣削加工的车铣中心。

（一）数控技术在高压水流切割机床中的应用

数控技术是用电子信息对机械零件加工过程进行控制的技术，数控机床是以数控技术同制造产业相结合形成的机电一体化产品。所谓的数字化产设备，这其中要应用到的技术包括机械制造技术信息处理技术、自动控制技术、伺服驱动技术、传感器技术和软件技术等。

信息处理贯穿了数控机床的全部工作过程，也是数控技术中的关键之一。在二维高压水流数控切割机床中，包括：信息采集、信息加工和信息传输3个部分。对图形信息采集，是计算机辅助设计和计算机辅助制造（CAD/CAM）的关键技术，数据的采集精度，数据的处理速度直接影响了数控系统的效率。数据的采集精度越高其数据处理速度越慢，数控系统的效率越低。二维超高压水射流切割机床的加工对象是任何平面材料的任何二维图形，其采集精度在小数点后4位时，加工精度和控制效率都可达到满意的效果。

（二）信息加工和信息传输

信息加工是以AUTOCAD软件平台为作为环境，并在此基础之上进行二次开发实现的。其主要任务包括实现排料、自动识别移刀和进刀、定义加工速度和延时的有效性、自动机床加工代码输出的功能。移刀和进刀点要定义得方便灵活，以便编程员在加工不同材料时设计出合理的加工路线，从而避免加工完毕时因工件跷起导致与刀头碰撞的问题。

信息传输是指将数据代码通过控制模块传递给执行元件执行，在Windows的系统平台下，文件的传输简单并且高效，因此数据采用文件交换的形式在网络中传输。在二维超高压水射流数控切割机床中，自动控制系统是以工控系统为中心，读取并处理信息，产生控制命令代码，进而对机床各动作部件进行统一控制，对运动过程的各项参数进行实时采集。

七、计算机集散控制系统

集散控制系统（Distributed Control System，DCS），亦称分散型综合控制系统或分布式控制系统，它是计算机技术在过程控制中应用的产物，是随着计算机控制技术和网络通讯技术的不断发展出现的数字综合控制系统。

（一）DCS 的结构和特点

DCS 系统发展的速度非常快，硬件大约每隔五六年就会更新换代，出现新产品、新系统，软件每年都会出现新版本。所以各种 DCS 系统都有一些区别，这里只介绍一些通用的情况。工业上通常使用的集散控制系统，一般包括主计算机、通用操作站、系统管理模块、局部计算机网络、网间连接器、数据采集器和多功能控制器等。

主计算机就是监控计算机，也叫上位机。是监视整个 DCS 系统工作状态的计算机，负责系统的冗余切换、故障切换和系统管理等。

通用操作站是直接连在局域网络上的操作站，是操作人员对工业过程进行控制的界面，一般要显示各种流程图、工艺参数报警状态和控制器等，操作员可以触摸屏幕或触摸键盘进行操作，也可以通过鼠标来操作。

系统管理模块是一个很大的模块库，包括历史数据模块、复杂计算模块、优化算法模块、接口通信模块和故障识别模块等。

网间连接器是局域网同系统子网或其他网络的连接装置，它可以连接到可编程控制器 PLC 上，也可以连接到各种工业网络上。

（二）DCS 的通信系统

DCS 的数据通信系统就是指在控制室的主计算机与在现场的数字设备之间的通信系统，这样的通信通常是计算机网络或现场数据总线，这里只介绍计算机网络的通信。现场数字设备包括智能传感器、现场开关和执行机构等。

信道是指信号从发送端到接收端进行传送的通路，可以视双绞线、同轴电缆或光导纤维为信道。如果传输数字信号，则是传输二进制信号；如果传输模拟信号，则是传输高频正弦波信号。

纠错编码器可以将信源来的数字信号进行二进制编码，产生二进制的

脉冲序列，同时要自动纠正编码出现意外时产生的差错。

纠错解码器可以将二进制脉冲序列还原为数字信号，同时也要纠正数字信号中出现的错误。

调制器是用二进制脉冲序列信号去调制高频的载波信号，调制的方法可以是调幅、调频或调相。解调器则是从被调制的高频信号中提取出有用的二进制脉冲序列信号，所以解调是调制工作的逆过程。

噪声源是信号在传输过程中不可避免的干扰引起的，一般各种电磁场或高频段的电磁波信号，都会对传输中的高频信号产生一定的干扰。

定时同步系统包括同步形成和同步提取两部分，在信号传输时，接收端和发送端必须同步工作，才能使信号正确地传送，所以两端都必须有定时电路来保证正确的时序关系。

（三）DCS 的可靠性和安全性

DCS 系统大量地应用在石油化工等各种易燃、易爆工业过程控制中，因此 DCS 的可靠性和安全性必须是首先要考虑的问题。DCS 的可靠性和安全性就是依靠计算机技术、通信技术、显示技术、人际交换技术和硬件制造技术的先进成果来实现的。在具体结构上，热备冗余系统、光电信号隔离等起到了关键作用。

首先，DCS 采用的是松散耦合的多处理机系统，分层式结构，依靠网络进行工作，这样就使危险性得到了分散，当一个子系统出现故障不能正常工作时，不会对其他子系统产生太大影响。在 DCS 中，主计算机负责管理全局，位于系统的上层，对实时性要求比较低。控制现场的输入、输出（I/O）接口位于系统的下层，要求实时性比较高。这样控制功能和现场 I/O 接口就实现了功能和地域上的分散。在处理复杂控制系统时，各个单回路控制器使用单回路控制卡，这样就实现了功能上的分散。对于数据库要使用分散型和重复型，这样就实现了数据库的分散。

其次，冗余化结构是 DCS 系统提高可靠性和安全性的十分有效的手段。这种结构就是在硬件上使用相同的两套硬件系统同时工作，但是只有一套系统的结果作为输出去控制实际过程，其他系统则作为第一套系统出现故障时切换使用，这就是热备冗余系统。两套系统都是保持同步运转，它们之间的切换，则是在判断工作机出现故障，由另一台计算机自动控制进行的。

一般在I/O接口板处容易出现故障，所以每一块接口板都有一个对应的热备冗余板在工作，每个机箱中，则有一块管理板负责判断故障和处理切换事项，这是机箱内部的冗余结构。在机箱之间也要有热备冗余状态的机箱，使一个机箱不能工作时，输出信号立刻自动切换到另一个相同的机箱。

第三就是为防止电源系统出问题，也要有备用的电源系统。这样就使整个系统中各处的故障都可以被冗余部分补救过来。在出现故障和冗余切换之后，系统还会自动通知工作人员更换和维修出现故障的硬件。另外，光电隔离器可以把现场的各类电磁感应干扰和静电冲击，隔离在计算机接口之外，这样就保护了计算机，大量地防止了硬件系统的损坏。

第二节　自动化制造系统技术方案

一、自动化制造系统技术方案的制定

（一）自动化制造系统技术方案的内容

自动化制造系统技术方案包括如下几方面内容。

（1）根据加工对象的工艺分析，确定加工工艺方案。

（2）根据年生产纲领，核算生产能力，确定加工设备品种、规格及数量配置。

（3）按工艺要求、加工设备及控制系统性能特点，对国内外市场可供选择的工件输送装置的市场情况和性能价格状况进行分析，最后确定出工件输送及管理系统方案。

（4）按工艺要求、加工设备及刀具更换的要求，对国内外市场可供选择的刀具更换装置的类型作综合分析，最后确定出刀具输送更换及管理系统方案。

（5）按自动化制造系统目标、工艺方案的要求，确定必要的清洗、测量、切削液的回收、切屑处理及其他特殊处理设备的配置。

（6）根据自动化制造系统目标和系统功能需求，结合计算机市场可供

选择的机型及其性能价格状况，以及本企业已有资源及基础条件等因素，综合分析确定系统控制结构及配置方案。

（7）根据自动化制造系统的规模、企业生产管理基础水平及发展目标，综合分析确定出数据管理系统方案。如果企业准备进一步推广应用 CIMS 技术，则统筹规划配置商用数据库管理系统是合理的，也是必要的。

（8）根据控制系统的结构形式、自动化制造系统的规模及企业技术发展目标，综合分析确定通信网络方案。

（二）确定自动化制造系统的技术方案时需要注意的问题

1. 始终保持需求驱动、效益驱动的原则

采用自动化制造，只有真正解决企业的“瓶颈”问题，使企业收到实效，才会有生命力。

2. 加强关键技术的攻关和突破

在自动化制造系统实施过程中必然会遇到许多技术问题，在这种情况下要集中优势兵力突破关键技术，才能使系统获得成功。

3. 重视管理

既要重视管理体制对自动化制造系统实施的影响，也要加强对实施自动化制造系统工程本身的管理。只有二者兼顾，自动化制造系统的实施才会成功。

4. 注重系统集成效益

如果企业还要发展应用 CIMS，那么自动化制造系统只是 CIMS 的一个子系统，除了自动化制造系统本身优化外，CIMS 的总体效益最优才是最终目标。

5. 注重教育与人才培训

采用自动化制造系统技术要有雄厚的人力资源作为保障，因此，只有重视教育，加强对工程技术人员及管理人才的培训，才能使自动化制造系统充分发挥应有的作用。

二、自动化加工工艺方案涉及的主要问题

（一）自动化加工工艺的基本内容与特点

1. 自动化加工工艺方案的基本内容

随着机械加工自动化程度的发展，自动化加工的工艺范围也在不断扩

大。自动化加工工艺的基本内容包括大部分切削加工，如车削、钻削、滚压加工等；还有部分非切削加工也能实现自动化加工，如自动检测、自动装配等工艺内容。

2. 自动化加工工艺方案的特点

（1）自动化加工中的毛坯精度比普通加工要求高，并且在结构工艺性上要考虑适应自动化加工需要。

（2）自动化加工的生产率比采用万能机床的普通加工一般要高几倍至几十倍。

（3）自动化加工中的工件加工精度稳定，受人为影响因素小。

（4）自动化加工系统中切削用量的选择，以及刀具尺寸控制系统的使用，是以保证加工精度、满足一定的刀具耐用度、提高劳动生产率为目的的。

（5）在多品种小批量的自动化加工中，在工艺方案上考虑以成组技术为基础，充分发挥数控机床等柔性加工设备在适应加工品种改变方面的优势。

（二）实现加工自动化的要求

加工过程自动化的设计和实施应满足以下要求。

1. 提高劳动生产率

提高劳动生产率是评价加工过程自动化是否优于常规生产的基本标准，而最大生产率是建立在产品的制造单件时间最少和劳动量最小的基础上。

2. 稳定和提高产品质量

产品质量的好坏，是评价产品本身和自动加工系统是否有使用价值的重要标准。产品质量的稳定和提高是建立在自动加工、自动检验、自动调节、自动适应控制和自动装配水平的基础上的。

3. 降低产品成本和提高经济效益

产品成本的降低，不仅能减轻用户的负担，而且能提高产品的市场竞争力，而经济效益的增加才能使工厂获得更多的利润、积累资金和扩大再生产。

4. 改善劳动条件和实现文明生产

采用自动化加工必须符合减轻工人劳动强度、改善职工劳动条件、实现文明生产和安全生产的标准。

5. 适应多品种生产的可变性及提高工艺适应性程度

随着生产技术的发展，以及人们对设备的使用性能和品种的要求的提高，产品更新换代加快，因此自动化加工设备应具有足够的可变性和产品更新后的适应性。

（三）成组技术在自动化加工中的应用

成组技术（Group Technology，GT）就是将企业生产的多种产品、部件和零件按照特定的相似性准则（分类系统）分类归类，并在分类的基础上组织产品生产的各个环节，从而实现产品设计、制造工艺和生产管理的合理化。成组技术是通过对零件之间客观存在的相似性进行标识，按相似性准则将零件分类归簇来达到上述目的的。零件的工艺相似性包括装夹、工艺过程和测量方式的相似性。

在上述条件下，零件加工就可以采用该组零件的典型工艺过程，成组可调工艺装备（刀具、夹具和量具）来进行，不必设计单独零件的工艺过程和专用工艺装备，从而显著减少了生产准备时间和准备费用，也减少了重新调整的时间。

采用成组技术不仅可使工件按流水作业方式生产，且工位间的材料运输和等待时间以及费用都可以减少，并简化了计划调度工作，在流水生产条件下，显然易于实现自动化，从而提高了生产率，降低了成本。

必须指出的是，在成组加工条件下，形状、尺寸及工艺路线相似的零件，合在一组在同一批中制造；有时会出现某些零件早于或迟于计划日期完成，从而使零件库存费用增加的情况，但这个缺点在制成全部成品时就可能排除。

1. 成组技术在产品设计中的应用

通过成组技术可以将设计信息重复使用，不仅能显著缩短设计周期和减少设计工作量，同时还为制造信息的重复使用创造了条件。

成组技术在产品设计中的应用，不仅是零件图的重复使用，其更深远的意义是为产品设计标准化明确了方向，提供了方法和手段，并可获得巨大的经济效益。以成组技术为基础的标准化是促进产品零部件通用化、系列化、规格化和模块化的杠杆，其目的如下。

（1）产品零件的简化，即用较少的零件满足多样化的需求。

（2）零件设计信息的多次重复使用。

（3）零件设计为零件制造的标准化和简化创造了前提。

根据不同情况，可以将零件标准化分成零件主要尺寸的标准化、零件中功能要素配置的标准化、零件基本形状标准化、零件功能要素标准化乃至整个零件是标准件等不同的等级，按实际需要加以利用，进一步在设计标准化的基础上实现工艺标准化。

2. 成组技术在车间设备布置中的应用

中小批生产中采用的传统“机群式”设备布置形式，由于物料运送路线的混乱状态，增加了管理的困难，如果按零件组（族）组织成组生产，并建立成组单元，机床就可以布置为“成组单元”形式。这样，物料流动直接从一台机床到另一台机床，不需要返回，既方便管理，又可将物料搬运工作简化，并将运送工作量降至最低。

3. 成组调整和成组夹具

回转体零件实现成组工艺的基本原则是调整的统一。如在多工位机床上加工时（如转塔车床、自动车床），调整的统一是夹具和刀具附件的统一，即采用相同条件下用同一套刀具及附件加工一组或几个组的零件。由于回转体零件所使用的夹具形式和结构差别不大，较易做到统一。因此，用同一套刀具及其附件是实现回转体零件成组工艺的基本要求。由于数控车削中心的进步及完善，在数控车削中心上很容易实现回转体零件的成组工艺。

非回转体零件实现成组工艺的基本原则之一是零件必须采用统一的夹具，即成组夹具。成组夹具是可调整夹具，即夹具的结构可分为基本部分（如夹具体、传动装置等）和可调整部分（如定位元件、夹紧元件）。基本部分对某一零件组或同类数个零件组都适用不变。

当加工零件组中的某个零件时，只需要调整或更换夹具上的可调整部分，即调整和更换少数几个定位或夹紧元件，就可以加工同一组中的任何零件。

现有夹具系统中，通用可调整夹具、专业化可调整夹具、组合夹具等均可作为成组夹具使用。采用哪一种夹具结构，主要根据批量的大小、加工精度的高低、产品的生命周期等因素决定。

通常，零件组批量大、加工精度要求高时都采用专用化可调整夹具，零件组批量小时可采用通用可调整夹具和组合夹具，如产品生命周期短则适合用组合夹具。

综上所述，基于成组技术的制造模式与计算机控制技术相结合，为多品种、小批量的自动化制造开辟了广阔的前景。因此，成组技术被称为现代制造系统的基础。

在自动化制造系统中采用成组技术的作用和效益主要体现在以下几个方面。

（1）利用零件之间的相似性进行归类，从而扩大了生产批量，可以以少品种、大批量生产的生产率和经济效益实现多品种、中小批量的自动化生产。

（2）在产品设计领域，提高了产品的继承性和标准化、系列化、通用化程度，大大减少了不必要的多样化和重复性劳动，缩短了产品的设计研制周期。

（3）在工艺准备领域，由于成组可调工艺装备（包括刀具、夹具和量具）的应用，大大减少了专用工艺装备的数量，相应地也减少了生产准备时间和费用。减少了由于工件类型改变而引起的重新调整时间，不仅降低了生产成本，也缩短了生产周期。

三、自动化加工工艺方案的制订

工艺方案是确定自动化加工系统的工艺内容、加工方法、加工质量及生产率的基本文件，是进行自动化设备结构设计的重要依据。工艺方案的正确与否，关系到自动化加工系统的成败。所以，对于工艺方案的确定必须给予足够的重视，要密切联系实际，力求做到工艺方案可靠、合理、先进。

（一）工件毛坯

旋转体工件毛坯，多为棒料、锻件和少量铸件。箱体、杂类工件毛坯，多为铸件和少量锻件，目前箱体类工件更多地采用钢板焊接件。

供自动化加工设备加工的工件毛坯应采用先进的制造工艺，如金属模型、精密铸造和精密锻造等，以提高工件毛坯的精度。

工件毛坯尺寸和表面形状允差要小，以保证加工余量均匀。工件硬度变化范围要小，以保证刀具寿命稳定，有利于刀具管理。这些因素都会影响工件的加工工序和输送方式，毛坯余量过大和硬度不均会导致刀具耐用度下降，甚至损坏，硬度的变化范围过大还会影响精加工质量（尺寸精度、表面粗糙度）的稳定。

为了适合自动化加工设备加工工艺的特点，在编制方案时，可对工件和毛坯做某些工艺和结构上的局部修改。有时为了实现直接输送，在箱体、杂类工件上要做出某些工艺凸台、工艺销孔、工艺平面或工艺凹槽等。

（二）工件定位基面的选择

工件定位基准应遵循一般的工艺原则，旋转体工件一般以中心孔、内孔或外圆以及端面或台肩面作为定位基准，直接输送的箱体工件一般以“两销一面”作为定位基准。此外，还需注意以下原则。

（1）应当选用精基准定位，以减少在各工位上的定位误差。

（2）尽量选用设计基准作为定位面，以减少由于两种基准的不重合而产生的定位误差。

（3）所选的定位基准，应使工件在自动化设备中输送时转位次数最少，以减少设备数量。

（4）尽可能地采用统一的定位基面，以减少安装误差，有利于实现夹具结构的通用化。

（5）所选的定位基面应使夹具的定位夹紧机构简单。

（6）对箱体、杂类工件，所选定位基准应使工件露出尽可能多的加工面，以便实现多面加工，确保加工面间的相对位置精度，且减少机床台数。

（三）直接输送时工件输送基面

1. 旋转体工件输送基面

小型旋转体工件，可借其重力，在输送料道中进行滚动和滑动输送。滚动输送一般以外圆作为支承面，两端面为限位面，为防止输送过程中工件偏歪，要注意工件限位面与料槽之间保持合理的间隙。以防工件在料槽中倾斜、卡死。此外，两端支承处直径尺寸应接近一致，并使工件重心在两支承点的对称线处，轴类工件纵向滑动输送时以外圆作为输送基面。

若难于利用重力输送或为提高输送可靠性，可采用强迫输送。轴类工件以两端轴颈作为支承，用链条式输送装置输送，或以外圆作为支承从一端面推动工件沿料道输送。盘、环类工件以端面作为支承，用链板式输送装置输送。

2. 箱体工件输送基面

箱体工件加工自动线的工件输送方式有直接输送和间接输送两种。直接输送工件不需随行夹具及其返回装置，并且在不同工位容易更换定位基准，在确定设备输送方式时，应优先考虑采用直接输送。

箱体类工件输送基面，一般以底面为输送面，两侧面为限位面，前后面为推拉面。当采用步进式输送装置输送工件时，输送面和两侧限位面在输送方向上应有足够的长度，以防止输送时工件偏斜。畸形工件采用抬起步进式输送装置输送时，工件重心应落在支承点包围的平面内。当机床夹具对工件输送位置有严格要求时，工件的推拉面与工件的定位基准之间应有精度要求。畸形工件采用抬起步伐式输送装置或托盘输送时，应尽可能使输送限位面与工件定位基准一致。

（四）工艺流程的编制

编制工艺流程是确定自动化设备工艺方案工作中最重要的一步，直接关系到加工系统的经济效果及其工作的可靠性。

编制工艺流程，主要解决以下两个问题。

1. 确定工件在加工系统中加工所需的工序

正确地选择各加工表面的工艺方法及其工步数。合理地确定工序间的余量。

2. 安排加工顺序

在安排加工顺序时，应依据以下原则。

（1）先面后孔

先加工定位基面，后加工一般工序，先加工平面，后加工孔。

（2）粗精加工分开，先粗后精

对于同一加工表面，粗、精加工工位应拉开一段距离，以避免切削热、机床振动、残余应力以及夹紧应力对精加工的影响。重要加工表面的粗加工工序应放在前面进行，以利于及时发现和剔除废品。

(3) 工序的适当集中及合理分散

这是编制工艺方案时的重要原则之一。工序集中可以提高生产率，减少加工系统的机床（工位）数量，简化加工系统的结构，从而带来设备投资、操作人员和占地面积的节约。工序集中，可以将有相互位置精度要求的加工表面，如阶梯孔、同心阶梯孔，以及平行、垂直或成一定角度的平面等，在同一台机床（工位）上加工出来，以保证几个加工面的相互位置精度。

工序集中的方法一般采用成形刀具、复合式组合刀具、多刀、多轴、多面和多工件同时加工。工序集中应以能保证工件的加工精度，加工时不超出机床性能（刚度、功率等）允许范围为前提。集中程度以不使机床的结构和控制系统过于复杂和刀具更换与调整过于困难，造成系统故障增多，维修困难，停车时间加长，从而使设备利用率降低为限度。

合理的工序分散不仅能简化机床和刀具的结构，使加工系统便于调整、维护和操作，有时也便于平衡限制工序加工的节拍时间，提高设备的利用率。

(4) 工序适当单一化

镗大孔、钻小孔、攻螺纹等工序，尽可能不要安排在同一主轴箱上，以免传动系统过于复杂以及刀具调整、更换不便。攻螺纹工序最好安排在单独的机床上进行，必要时也可以安排为单独的攻螺纹工段，这样可以使机床结构简化，有利于切削液及切屑的处理。

(5) 注意安排必要的辅助工序

合理安排必要的检查、倒屑、清洗等辅助性工序，对于提高加工系统的工作可靠性、防止出现成批废品有重要意义。如在钻孔和攻螺纹后对孔深进行探测。

(6) 多品种加工

为提高加工系统的经济效果，对于批量不大而工艺外形、结构特点和加工部位类似的工件，可采取多品种加工工艺，如采用可调式自动线或“成组”加工自动线来适应多品种工件的加工。

(五) 工序节拍的平衡

当采用自动线进行自动化加工时，其所需的工序及其加工顺序确定了

以后，还可能出现各种工序的生产节拍不相符的情况。应尽量做到各个工位工作循环时间近似。平衡自动线各工序的节拍，可使各台设备最大限度地发挥生产效能，提高单台设备的负荷率。

四、自动化加工设备的选择与布局

（一）自动化加工设备的选择

自动化加工设备的选择首先应根据产品批量的大小以及产品变型品种数量的大小确定加工系统的结构形式。

对于中小批量生产的产品，可选用加工单元形式或可换多轴箱形式；对于大批量生产，可以选用自动生产线形式。在编制加工工艺流程之后，可根据加工任务（如工件图样要求及对生产能力的要求）来确定自动机床的类型、尺寸、数量。

对于大批量生产的产品，可根据加工要求，为每个工序设计专用机床或组合机床。

对于多品种中小批量生产，可根据加工零件的尺寸范围、工艺性、加工精度及材料等要求，选择适当的专用机床、数控机床或加工中心；根据生产要求（如加工时间及工具要求，批量和生产率的要求）来确定设备的自动化程度，如自动换刀、自动换工件及数控设备的自动化程度；根据生产周期（如加工顺序及传送路线），选择物料流自动化系统形式（运输系统及自动仓库系统等）。

（二）自动化加工设备的布局

自动化加工设备的布局形式是指组成自动化加工系统的机床、辅助装置以及连接这些设备的工件传送系统中，各种装置的平面和空间布置形式。它是由工件加工工艺、车间的自然条件、工件的输送方式和生产纲领所决定的。

1. 自动线的布局形式

（1）旋转体加工自动线的布局形式

① 贯穿式

工件传送系统设置在机床之间，特点是上下料及传送装置结构简单，装卸料工件输注时间短，布局紧凑，占地面积小，但影响工人通过，料道短，贮料有限。

② 架空式

工件传送系统设置在机床的上空，输送机械手悬挂在机床上空的架上。机床布局呈横向或纵向排列，工件传送系统完成机床间的工件传送及上下料。这种布局结构简单，适于生产节拍较长且各工序工作循环时间较均衡的轴类零件。

③ 侧置式

工件传送系统设置在机床外侧，机床呈纵向排列，传送装置设在机床的前方，安装在地上。为了便于调整操作机床，可将输送装置截断。输送料道还同时具有贮料作用。这种布局的自动线有串联和并联两种方式。

（2）组合机床自动线的布局形式

① 直线通过式和折线通过式

步伐式输送带按一定节拍将工件依次送到各台机床上加工，工件每次输送一个步距。工人在自动化生产线起端上料，末端卸料。

对于工位数多、规模大的自动线，直线布置受到车间长度限制，因而布置成折线式。

② 框型

框型是折线式的封闭形式。框式布局更适用于输送随行夹具及尺寸较大和较重的工件自动化生产线，且可以节省随行夹具的返回装置。

③ 环型

环型自动化生产线工件的输送轨道是圆环形，多为中央带立柱的环型线。它不需要高精度的回转工作台，工件输送精度只需满足工件的初定位要求。环型自动线可以直接输送工件，也可借助随行夹具。对于直接输送工件的环型线，装卸料可集中在一个工位。对于随行夹具输送工件的环型线，不需要随行夹具返回装置。

④ 非通过式

非通过式布局的自动化生产线，工件输送不通过夹具，而是从夹具的一个方向送进和拉出，使每个工位可能增加一个加工面，也可增设镗模支架。非通过式自动化生产线适于由单机改装联成的自动化生产线，或工件不宜直接输送而必须吊装，以及工件各个加工表面需在一个工位加工的自动化生产线。

2. 柔性制造系统的布局原则

柔性制造系统的总体布局可以概括为以下几种布置原则：随机布置原则、功能原则（或叫工艺原则）、模块式布置原则、加工单元布置原则、根据加工阶段划分原则。

第三节　自动化技术的主要应用

自动化技术的发展已经深入到国民经济和人民生活的各个方面。在日常生活中，通过应用自动化技术，各种家用电器提高了性能和寿命。在工业生产中，各种机器设备都随着自动化技术的应用和自动化水平的提高，使其在生产过程中发挥了更好的作用，提高了产品的产量和质量。

在科学实验仪器、教育教学设备、广播通信设备和医疗卫生设备中，自动化技术也提高了这些仪器设备的使用效率，方便了操作者的使用。

一、过程工业自动化

过程工业是指对连续流动或移动的液体、气体或固体进行加工的工业过程。过程工业自动化主要包括炼油、化工、医药、生物化工、天然气、建材、造纸和食品等工业过程的自动化。过程工业自动化以控制温度、压力、流量、物位（包括液位、料位和界面）、成分和物性等工业参数为主。

（一）对温度的自动控制

工业过程中常用的温度控制，主要包括以下几种情况。

1. 加热炉温度的控制

在工业生产中，经常遇到由加热炉来为一种物流加热，使其温度提高的情况，如在石油加工过程中，原油首先需要在炉子中升温。一般加热炉需要对被加热流体的出口温度进行控制。当出口温度过高时，燃料油的阀门就会适当地关小，如果出口温度过低，燃料油的阀门就会适当地开大。这样按照负反馈原理，就可以通过调节燃料油的流量来控制被加热流体的出口温度了。

2. 换热过程的温度控制

工业上换热过程是从换热器或换热器网络来实现的。通常换热器中一种流体的出口温度需要控制在一定的温度范围内，这时对换热器的温度控制系统就是必需的。只要调节换热器一侧流体的流量，就会影响换热器的工作状态和换热效果，这样就可以控制换热器另一侧流体的出口温度了。

3. 化学反应器的温度控制

工业上最常见的是进行放热化学反应的釜式化学反应器，这时调节夹套中冷却水的出口流量，就可以根据负反馈原理来控制反应釜中的温度了。

4. 分馏塔温度的控制

在炼油和化工过程中，分馏塔是最常见的设备，也是最主要的设备之一，对分馏塔的控制是最典型控制系统。在分馏塔的塔顶气相流体经过冷凝之后，要储存在回流罐之中，分馏塔的温度控制就是利用回流量的调节来实现的。

（二）对压力的自动控制

工业过程中常用的压力控制，主要包括以下几种情况。

1. 分馏塔压力的控制

分馏塔的压力是受塔顶气相的冷凝量影响的，塔顶气相的冷凝量可以由改变冷却水的流量来调节。这样分馏塔的压力就可以由调节冷却水的流量来控制了。

2. 加热炉炉膛压力的控制

加热炉的压力是保证加热炉正常工作的重要参数，对加热炉压力的控制是从调节加热炉烟道挡板的角度来实现的。

3. 蒸发器压力的控制

工业上常见到对蒸发器压力的控制，通常最多是使用蒸汽喷射泵来得到一个比大气压还低的低气压，就是工程上常说的真空度。因此，对蒸发器的压力控制也称为对蒸发器真空度的控制。

二、电力系统自动化

电力系统的自动化主要包括发电系统的自动控制和输电、变电、配电系统的自动控制及自动保护。发电系统是指把其他形式的能源转变成电能的系统，主要包括水电站、火电厂、核电站等。电力系统自动控制的目的就是为了保证系统平时能够工作在正常状态下，在出现故障时能够及时正

确地控制系统按正确的次序进入停机或部分停机状态，以防止设备损坏或发生火灾。

下面简单介绍火力发电厂和输电、变电、配电系统的自动控制和自动保护。

（一）火力发电厂的生产过程

热电厂中的锅炉可以是燃煤锅炉、燃油锅炉或燃气锅炉。由锅炉产生的蒸汽经过加热成为过热蒸汽，然后送到汽轮发电机组中发电。由汽轮机出来的低压蒸汽还要经过冷凝塔，冷却成水再循环利用。由发电机产生的交流电经过升压变压器升压后送到输变电网。

（二）锅炉给水系统的自动控制

在热电厂里，主要的控制系统包括对锅炉的控制、对汽轮机的控制和对发电电网方面的控制。对锅炉给水系统的控制是由典型的三冲量控制系统来完成的。所谓三冲量控制，就是要将蒸汽流量、给水流量和汽包液位综合起来考虑，把液位控制和流量控制结合起来，形成复合控制系统。

三、飞行器控制

飞行器包括飞机、导弹、巡航导弹、运载火箭、人造卫星、航天飞机和直升飞机等，其中飞机和导弹的控制是最基本和重要的，这里只介绍飞机的控制系统。

（一）飞机运动的描述

飞机在运动过程中是由 6 个坐标来描述其运动和姿态的，也就是飞机飞行时有 6 个自由度。其中 3 个坐标是描述飞机质心的空间位置的，可以是相对地面静止的直角坐标系的 XYZ 坐标，也可以是相对地心的极坐标或球坐标系的极径和 2 个极角，在地面上相当于距离地心的高度和经度纬度。另外，3 个坐标是描述飞机的姿态的，其中，第 1 个是表示机头俯仰程度的仰角或机翼的迎角；第 2 个是表示机头水平方向的方位角，一般用偏离正北的逆时针转角来表示，这两个角度就确定了飞机机身的空间方向；第 3 个叫倾斜角，就是表示飞机横侧向滚动程度的侧滚角。当两侧翅膀保持相同高度时，倾斜角为0。

（二）对飞机的人工控制

飞机的人工控制就是驾驶员手动操纵的主辅飞行操纵系统。这种系统可以是常规的机械操纵系统，也可以是电传控制的操作系统。人工控制主要是针对6个方面进行控制的。（1）驾驶员通过移动驾驶杆来操纵飞机的升降舵（水平尾翼），进而控制飞机的俯仰姿态。当飞行员向后拉驾驶杆时，飞机的升降舵就会向上转一个角度，气流就会对水平尾翼产生一个向下的附加升力，飞机的机头就会向上仰起，使迎角增大。若此时发动机功率不变，则飞机速度相应减小。反之，向前推驾驶杆时，则升降舵向下偏转一个角度，水平尾翼产生一个向上的附加升力，使机头下俯、迎角减小，飞机速度增大。这就是飞机的纵向操纵。（2）驾驶员通过操纵飞机的方向舵（垂直尾冀）来控制飞机的航向。飞机做没有侧滑的直线飞行时，如果驾驶员蹬右脚蹬时，飞机的方向舵向右偏转一个角度。此时气流就会对垂直尾翼产生一个向左的附加侧力，就会使飞机向右转向，并使飞机做左侧滑。相反，蹬左脚蹬时，方向舵向左转，使飞机向左转，并使飞机做右侧滑。这就是飞机的方向操纵。（3）驾驶员通过操纵一侧的副机翼向上转和另一侧的副机翼向下转，而使飞机进行滚转。飞行中，驾驶员向左压操纵杆时，左翼的副翼就会向上转，而右翼的副翼则同时向下转。这样，左侧的升力就会变小而右侧的升力就会变大，飞机就会向左产生滚转。当向右压操纵杆时，右侧副具就会向上转而左侧副翼就会向下转，飞机就会向右产生滚转。这就是飞机的侧向操纵。（4）驾驶员通过操纵伸长主机翼后侧的后缘襟翼来增大机翼的面积进而提高升力。（5）驾驶员通过操纵伸展主机翼后侧的翘起的扰流板（也称减速板），来增大飞机的飞行阻力进而使飞机减速。（6）驾驶员通过操纵飞机的发动机来改变飞机的飞行速度。

四、智能建筑

（一）楼宇自动化系统

楼宇自动化系统（BAS）的任务是使建筑物的管理系统智能化。它所管理的范围包括电力、照明、给水、排水、暖气通风、空调、电梯和停车

场的部分。通过计算机的智能化管理，使各部分都能够高效、节能地工作，使大厦成为安全舒适的工作场所。楼宇自动化系统是计算机智能控制和智能管理在日常生活中的重要应用，它体现了计算机化的智能管理，可以节省人力物力，方便了人们的使用和记录，实现了智能报警、自动收费和自动连锁保护。例如，在电力系统中，可以对变压器的工作状态进行有效监管；在照明系统中，可以由计算机设定照明时间，在空调和暖气系统中，由计算机管理系统的启动和运行；在停车场的管理中，可以进行防盗监视、多点巡视和自动收费等。

（二）办公自动化系统和通信自动化系统

办公自动化系统（OAS）和通信自动化系统（CAS）都是针对信息加工和处理的，其基本特点就是利用计算机、网络和传真的现代化设施来改善办公的条件，在此基础上，使得信息的获取、传输、存储、复制和处理更加便捷。在办公和通信自动化中，电话是最早使用的，但是在应用计算机之前，电话都是靠继电器和离散电路交换的，没有使用程序控制的交换机，电话的总数就受到限制。在程序控制电话的基础上，数字传真技术是远距离传送的，不仅可以是声音信息，也可以是图形文字信息。这就使所传输信息的准确程度又提高了一步。但是用传真手段来传送信息在接收和发送两端还离不开纸张介质。

计算机网络的推广使用促进了信息的传输，大大减少了对纸张介质的依赖，直接在计算机硬盘之间进行了通信。光纤通信具有传输数据量大、频带宽等特点，特别适合多路传送数据或图形，它的使用是通信领域里的一场新的革命。电子邮件可以准确快速地传输各种数据文件或图形文件。应用连接计算机的打印机可以使文件编辑修改在屏幕上进行，相对于手工打字就提高了自动化程度，而复印机的应用实现了多份拷贝直接产生，省去了通过蜡纸印刷的麻烦。

办公自动化中的另一重要部分就是数据库系统，是办公时做任何决定都必不可少的决策支持系统。财务管理系统、人事管理系统和物资设备管理系统是计算机应用的重要组成部分，它们借助于强大的软件功能使信息的处理更加便捷，使查阅修改更加方便，使大量的信息可以快速的提供给决策者。

（三）防火监控系统

防火监控系统（FAS）包括火灾探测器和报警及消防联动控制。火灾探测器常用的有以下5种：

1. 离子感烟式探测器

这种探测器是用放射性元素镅（^{241}Am）作为放射源，用其放射的射线使电离室中空气电离成为导体，这时可以根据在一定电压下离子电流的大小获知空气中含烟的浓度。

2. 光电感烟式探测器

这种探测器又分头光式和反光式两种；头光式的测量原理是依靠测量含烟空气的透明程度，来获知空气中含烟的浓度的；反光式则是依靠测量空气中烟尘的反光程度来获知含烟浓度的。

3. 感温式探测器

这种探测器就是测量空气是否达到一定的温度，达到了则报警；测温元件有热电阻式的、热电偶式的、双金属片式的、半导体热敏电阻式的、易熔金属式的、空气膜盒式的等。

4. 感光式探测器

这种探测器又分红外式和紫外式两种，红外式的是使用红外光敏元件（如硫化铅、硒化铅或硅敏感元件等）来测量火焰产生的红外光辐射；紫外式的是使用光电管来测量火焰发出的紫外光辐射。

5. 可燃气体探测器

这种探测器又分为热催化式、热导式、气敏式和电化学式，共4种，热催化式的是利用铂丝的发热使可燃气体反应放热，在测量铂丝电阻的变化来获知可燃气体的浓度的；热导式是利用铂丝测量气体的导热性来获知可燃气体的浓度；气敏式是通过半导体的电阻气敏性来测量可燃气体的浓度；电化学式是通过气体在电解液中的氧化还原反应来测量可燃气体的浓度。

五、智能交通运输系统

智能交通系统（Intelligent Transport System，ITS）是把先进电子传感技术、数据通信传输技术、计算机信息处理技术和控制技术等综合应用于交通运输管理领域的系统。

（一）交通信息的收集和传输

智能交通系统不是空中楼阁，也不是仿真系统，而是实实在在的信息处理系统，所以它就必须有尽量完善的信息收集和传输手段。交通信息的收集方式有很多种，常用的包括电视摄像设备、车辆感应器、车辆重量采集装置、车辆识别和路边设备以及雷达测速装置等。其中，电视摄像设备主要收集各路段车辆的密集程度，以供交通信息中心决策之用；车辆重量采集装置一般是装在路面上，可以判定道路的负荷程度；车辆识别和路边设备，可以收集车辆所在位置的信息；雷达测速装置，可以收集汽车的速度信息。所有这些信息都要送到交通信息处理中心，信息中心不仅要存有路网的信息，还要存有公共交通的路线的信息等，这样才能使信息中心良好的工作。

（二）交通信息的处理系统

在庞大的道路交通网上，交通的参与者有几万，甚至几十万，其中包括步行、骑自行车、乘公交车（包括地铁和轻轨）、乘出租车或自己驾车，道路上的情况瞬息万变。人们经常会遇到由于交通事故或意外事件造成的堵车，如何使路口的信号系统聪明起来，能够及时处理信息和思考呢？即能够快速探测到事故或事件，并快速响应和处理，将会大大减少由此造成的堵车困扰。

智能交通监控系统就是为此开发的，它使道路上的交通信息与交通相关信息尽量完整和实时；交通参与者、交通管理者、交通工具和道路管理设施之间的信息交换实时和高效；控制中心对执行系统的控制更加高效；处理软件系统具备自学习、自适应的能力，交通信息的处理系统就是将交通状态信息和交通工程原始信息进行数据分析加工，从而输出交通对策。所谓路线诱导数据，就是指各路段的连接关系，根据这些关系可以作交通行为分析，进而作参数分析，交通行为分析就是分析各个车辆所行走的路线，这样就为计算宏观交通状况分析提供了数据。根据交通流量、密度和路段分时管理信息可以作出交通流量分析，进而为动态交通分配提供数据，根据路网路况信息和排放量数据可以作环境负荷分析。由交通流量、密度和交通流量分析的结果可以做动态交通分配，进而可以作出各时间交通量的预测。根据车辆移动数据、环境负荷分析和参数分析的结果，可以做出宏观交通状况分析。根据这些数据分析，最后就可以得出各种交通对策。这些交通对策包括交通诱导、道路规划、交通监控、环境对策、收费对策、信息提供和交通需求管理等。

（三）大公司开发的智能交通系统

智能交通系统（Intelligent Transport System，ITS），在它的发展过程中设备的技术进步是决定的因素，如果只有先进的思路而没有先进的设备，这样产生的系统必然是落后过时的。所以智能交通系统的各个分系统或子系统，都首先在大公司酝酿并产生了。它们的指导思路是首先融合信息、指挥、控制及通信的先进技术和管理思想，综合运用现代电子信息技术和设备，密切结合交通管理指挥人员的经验，使交通警察和交通参与者对新系统的开发提出看法和意见，这样集有线/无线通信、地理信息系统（Geographical Information System，GIS）、全球定位系统（Global Position System，GPS）、计算机网络、智能控制和多媒体信息处理等先进技术于一体，就是所希望开发的实用系统，其中，一些分系统或子系统如下：

（1）交通控制系统（Traffic Control System）；

（2）交通信息服务系统（Traffic Information Service System）；

（3）物流系统（Logistic System）；

（4）轨道交通系统（Railway System）；

（5）高速公路系统（Highway System）；

（6）公交管理系统（Public Traffic Management System）；

（7）静态交通系统（Static Traffic System）；

（8）ITS 专用通信系统（Communication System）。

交通视频监控系统（Video Monitoring System，VMS）是公安指挥系统的重要组成部分，它可以提供对现场情况最直观的反映，是实施准确调度的基本保障。重点场所和监测点的前端设备将视频图像以各种方式（光纤、专线等）传送至交通指挥中心，进行信息的存储、处理和发布。使交通指挥管理人员对交通违章、交通堵塞、交通事故及其他突发事件做出及时、准确的判断，并相应调整各项系统控制参数与指挥调度策略。

多种交通信息的采集、融合与集成以及发布是实现智能交通管理系统的关键。因此，建立一个交通集成指挥调度系统是智能交通管理系统的核心工作之一。它使交通管理系统智能化，实现了交通管理信息的高度共享和增值服务，使得交通管理部门能够决策科学、指挥灵敏、反应及时和响应快速；使交通资源的利用效率和路网的服务水平得到大幅度提高；有效地减少汽车尾气排放，降低能耗，促进环境、经济和社会的协调发展和可持续发展；也使交通信息服务能够惠及千家万户，让交通出行变得更加安全、舒适和快捷。

智能交通系统又是公安交通指挥中心的核心平台，它可以集成指挥中心内交通流采集系统、交通信号控制系统、交通视频监控系统、交通违章取证系统、公路车辆监测记录系统、122 接管处理系统、GPS 车辆调度管理系统、实时交通显示及诱导系统和交通通信系统等各个应用系统，将有用的信息提供给计算机处理，并对这些信息进行相关处理分析，判断当前道路交通情况，对异常情况自动生成各种预案，供交通管理者决策，同时可以将相关交通信息对公众发布。

六、生物控制论

生物控制论是控制论的一个重要分支，同时它又属于生物科学、信息科学及医学工程的交叉科学。它研究各种不同生物体系统的信息传递和控制的过程，探讨它们共同具有的反馈调节、自适应的原理以及改善系统行为，使系统具有稳定运行的机制。它是研究各类生物系统的调节和控制规律的科学，并形成了一系列的概念、原理和方法。生物体内的信息处理与控制是生物体为了适应环境，求得生存和发展的基本问题。不同种类的生物、生物体各个发展阶段，以及不同层次的生物结构中，都存在信息与控制问题。

之所以研究生物系统中的控制现象，是因为生物系统中的控制过程同非生物系统中的控制过程很多都是非常类似的，而生物体中控制系统又是每个都有其各自特点的，这些特点常常在人类设计自己需要的控制系统时，非常有借鉴作用。从系统的角度来说，生物系统同样也包含着采集信息部分、信息传输部分、处理信息并产生命令的部分和执行命令的部分。所不同的是在生物体中，这些工作都是由生物器官来完成的。例如，生物体中对声音、光线、温度、气压、湿度等的感觉就是由特定的感觉器官来完成的，这些信息又通过神经纤维传输的神经中枢进行信息处理并产生相应的命令，最后这些命令送到各自的执行器官去执行。这就是生物系统的闭环控制过程。

当前该学科研究比较热门的问题是神经系统信息加工的模型与模拟、生物系统中的非线性问题、生物系统的调节与控制、生物医学信号与图像处理等。近年来，理解大脑的工作原理已成为生物控制论的新热点，其中，关键是揭示感觉信息，特别是视觉信息在脑内是如何进行编码、表达和加工的。大脑在睡眠、注意和思维等不同的脑功能状态下的模型与仿真问题，特别是动态脑模型，以及学习、记忆与决策的机理都是很热门的问题。关于大脑意识是如何产生的，它的物质基础是什么，也已吸引许多科学家着手进行研究。

七、社会经济控制

（一）系统动力学模型

社会经济控制是以社会经济系统模型为基础的，社会经济系统的模型是以系统动力学方法建立的，它是研究复杂的社会经济系统动态特性的定量方法。这种方法是由美国麻省理工学院的福雷特教授在 20 世纪 50 年代创立的，是借鉴机械系统的动力学基本原理创立的。机械系统的动力学就是根据推动力和定量惰性之间的关系来建立运动的动态方程式，进而来研究机械系统的动态特性、速度特性以及各种波动的调节方法。系统动力学方法则是以反馈控制理论为基础，来建立社会系统或经济系统的动态方程或动态数学模型，再以计算机仿真为手段来进行研究。这种方法已成功地应用于企业、城市、地区和国家，甚至世界规模的许多战略与决策等分析中，被誉为社会经济研究的战略与决策实验室。这种模型从本质上看是一个时间滞后的一阶差分或微分方程，由于建模时借助于流图，其中，积累、流率和其他辅助变量都具有明显的物理意义，因此可以说是一种预告和实际对比的建模方法。系统动力学虽然使用了推动力、入出流量、存储容量或惰性惯量这些概念，可以为经济问题和社会问题建立动态的数学模型，但是为各个单元所建立的模型大多为一阶动态模型，具有一定的近似性，加上实际系统易受人为因素的影响，所以对经济系统或社会系统的动态定量计算的精度都不是很高。

系统动力学方法与其他模型方法相比，具有下列特点。

1. 适用于处理长期性和周期性的问题

如自然界的生态平衡、人的生命周期和社会问题中的经济危机等都呈现周期性规律，并需通过较长的历史阶段来观察，已有不少系统动力学模型对其机制做出了较为科学的解释。

2. 适用于对数据不足的问题进行研究

在社会经济系统建模中，常常遇到数据不足或某些数据难以量化的问题，系统动力学借助各要素间的因果关系及有限的数据及一定的结构仍可进行推算分析。

3. 适用于处理精度要求不高的、复杂的社会经济问题

（1）因果反馈

如果事件 A（原因）引起事件 B（结果），那么 AB 间便形成因果关系。若 A 增加引起 B 增加，称 AB 构成正因果关系；若 A 增加引起 B 减少，则为负因果关系。两个以上因果关系链首尾相连构成反馈回路，也分为正、负反馈回路。

（2）积累

积累这种方法是把社会经济状态变化的每一种原因看作为一种流，即一种参变量，通过对流的研究来掌握系统的动态特性和运动规律。流在节点的累积量便是“积累”，用以描述系统状态，系统输入、输出流量之差为积累的增量。“流率”表述流的活动状态，也称为决策函数，积累则是流的结果。任何决策过程均可用流的反馈回路描述。

（3）流图

流图由积累、流率、物质流及信息流等符号构成，直观形象地反映系统结构和动态特征。

（二）系统动力学模型的应用举例

1. 中等城市经济的系统动力学模型及政策调控研究

系统动力学模型能全面和系统地描述复杂系统的多重反馈回路、复杂时变以及非线性等特征，能很好地反映区域经济系统对宏观调控政策的动态效果及敏感程度；能有效地避免事后控制所带来的经济震荡。采用系统动力学这一定性分析与定量分析综合集成的方法，在利用区域经济学、计量经济学、数理统计等有关理论和方法对一个城市经济系统进行系统研究

的基础上，建立该城市经济系统动力学模型，并进行政策模拟，可提供一些有益的政策建议。

2. 区域经济的系统动力学研究

运用系统动力学的定性与定量相结合的分析方法和手段，解决区域经济系统中长期存在的问题，并提供政策和建议，具有重大的推广应用价值。在技术原理及性能上具有如下特点。(1) 区域经济系统及其子系统都是具有多重反馈结构的复杂时变系统，因此采用一般的定量分析方法难以全面、系统地反映这一复杂系统，难以把握区域经济系统及其子系统的宏观调控过程，以及在此过程中的动态反映效果及敏感程度，以致容易引起事后控制所带来的经济震荡。(2) 在充分研究区域经济系统的基础上，可提供区域经济系统及其子系统之间相互关联、相互作用和相互影响的机制。(3) 利用系统动力学方法建立区域经济系统及其子系统的系统动力学模型，对模型的结构、行为及模型的一致性、适应性等进行验证，以确保模型的合理性。

第三章　机械制造的新技术及自动化

第一节　机械制造的新技术

一、现金机械制造技术的发展

（一）先进制造技术的起源

先进制造技术（Advanced Manufacturing Technology，AMT）这一概念是美国20世纪80年代末期提出来的。20世纪50年代前美国一直是制造大国，20世纪50年代以后，出于军备竞争的需要，偏重于高新科技和军用技术的发展，放松了对一般制造业的重视。70年代后期，“第三次浪潮”论席卷美国，认为“信息产业”的兴起和发展是继农业和工业后，对人类社会产业结构的第三次冲击，美国已进入“后工业社会”，劳动力将出现从工业到信息行业和服务行业的第二次大转移（第一次是从农业转向工业）。因此，制造业受到冷落，认为是正在走向没落的“夕阳工业”。然而“夕阳工业”论对美国的制造业经济发展打击是沉重的。70～80年代在微电子和汽车工业的国际市场竞争中，日本以及亚洲和拉美国家的产品夺走了原属美国的国际市场，并冲击着美国的国内市场。贸易逆差剧增，经济空前滑坡，美国公众和舆论界惊呼这种情况“危及美国国家的安全”。为此，政府和企业界投入巨资，组织大量专家进行研究和分析，得出的结论是“振兴美国经济的出路在于振兴美国的制造业”，“经济竞争归根到底是制造技术和制造能力的竞争。”因而，美国政府为此采取了一系列措施：投资进行了大规模的“21世纪制造业战略的研究”。相继实施了一系列的振兴制造业的计划；政府、公司与大学联手开展关于制造科学和制造技术的研究、开发与教育工作，建立了一系列工业—大学联合研究中心。经过一段时期的努力，收到良好的效果，在制造技术基础研究、技术创新、企业重组与协作等方面有了重大改观。如美国汽车水平大幅度提高，产量重新超过了日本。总结并提出了一系列先进制造技术的新理论，如并行工程、精益生产、敏捷制造等。

美国提出 AMT 这一概念后，日本、西欧各国以及亚洲新兴工业国家也相继作出反应，纷纷将 AMT 列为国家的高新技术和优先发展项目。如日本的“智能制造技术计划”。欧共体支持先进制造技术研究开发的主要有 ESPRIT 计划和 BRITE-EURAMF 计划。前者主要支持微电子、软件工程信息处理系统、计算机集成制造等方面的项目，后者主要资助材料、加工、设计和复杂工厂系统等方面的项目。韩国提出“高级先进技术国家计划”，简称为 G-7 计划，目标是把韩国的技术实力提高到世界一流的工业发达国家的水平。该计划包括先进制造系统在内的七项先进技术组成。

我国对此也非常重视，国家的“863”计划、火炬计划、国家自然科学基金、“中国制造 2025”，都对我国先进制造技术方面的研究项目给予了支持。

（二）AMT 的基本概念

AMT 已提出许多年，各国学者对它研究也不少，但至今还没有一个公认的严格定义，以下是几种常见的提法：

（1）制造业不断吸取机械、电子、信息、材料、能源以及现代管理方面的成果，并将其综合应于产品设计、制造、检测、管理、售后服务等生产制造的全过程，实现优质、高效、低耗、清洁、灵活生产，以取得理想技术经济效果的制造技术。

（2）AMT 是以提高综合经济效益为目的，以人为主体，以计算机为支柱，综合应用信息、材料、能源、环保等高新技术以及现代系统管理技术，研究并改进传统制造过程及产品整个寿命周期所有适应技术的总称。

（3）AMT=传统制造技术的发展+信息技术+现代管理技术。

（三）AMT 的特点

AMT 与传统制造技术相比，具有明显的时代特点。

1. AMT 是面向 21 世纪的技术

AMT 是制造技术的最新发展阶段，它既保持了传统制造技术中的有效

要素，又不断吸取各种高新技术成果，并渗透到产品生产的所有领域及全过程。AMT 与现代高新技术相结合而产生的一个完整的技术群，具有明确范畴的新的技术领域，是面向 21 世纪的技术。

2. AMT 是面向工业应用的技术

AMT 并不限于制造过程本身，它涉及产品的市场调研、产品开发及工艺设计、生产准备、加工制造、售后服务等产品寿命周期的所有内容，并将它们结合成一个有机整体。它的应用着重于产生最好的效果，目标是为了提高企业的竞争力和促进国家经济和综合实力的增长，提高制造业的综合经济效益和社会效益，因此特别适合于在工业企业中推广使用。

3. AMT 是驾驭生产过程的系统工程

AMT 特别强调计算机技术、信息技术、传感技术、自动化技术、新材料技术和现代系统管理技术在产品设计、制造和组织管理等方面的应用。它要不断吸收各种高新技术成果与传统制造技术结合，使制造技术成为能驾驭生产过程的物质流、能量流和信息流的系统工程。

4. AMT 是面向全球竞争的技术

20 世纪 80 年代以来，市场的全球化有了进一步的发展，发达国家通过金融、经济、科技手段来争夺市场，倾销产品，输出资本，市场竞争日趋激烈，先进制造技术正是在激烈的市场竞争背景下应运而生的。因此，一个国家具有世界先进水平的先进制造技术，才能在全球激烈竞争中位于不败之地。可以说，21 世纪各国在经济、外交乃至军事上的较量，在很大程度上是先进技术和制造工业水平与实务的较量。

5. AMT 市场竞争的三要素

20 世纪 70 年代以前，市场竞争的核心是如何提高生产率。80 年代以后，制造业要赢得市场竞争的主要矛盾已从提高劳动生产率转变为以时间为核心的时间、成本和质量三要素的矛盾。

（1）时间

这里有两层含义，一是指产品上市时间要快；二是指新产品占领市场的时间要长，否则将会给企业造成巨额利润损失。后者要求产品上市后，要倾听用户的意见和要求，不断改进产品，提高质量，延长产品占领市场的时间，即延长产品的生命周期。

（2）质量

指的是产品全生命周期的质量，它包括两方面的内容：产品的设计制造质量和售后服务质量。企业不仅要生产出合格的产品，还要满足用户诸如交货期、价格等方面的要求。质量控制的概念与传统概念不同，它不只是指生产和制造时去检验和控制质量，而是覆盖了从产品开发、制造、上市和售后服务的整个生命周期的质量保证体系。

（3）成本

传统观念产品的价格是由产品的全部开发费用加上一定的利润组成，但竞争时代是市场决定产品的价格，也就是说价格是由用户愿意付出多少所决定。对于企业来说，必须降低生产成本，而它又不是以牺牲质量为代价，相反成本的降低是通过减少产品在生命周期中浪费和避免差错来获得的。具有竞争力的成本不仅是指产品设计和制造的成本，而是包括用户购置产品后的使用成本、维护成本及报废后的处理成本在内的全新成本概念。

新世纪的到来，企业面临的竞争是错综复杂、持续多变、节奏加快的环境成本三要素中，时间是最为重要的因素。

二、机械制造系统自动化

制造系统的目的是将原材料加工并装配成最终产品，过程包括毛坯、加工零件检验、装配、产品检验、入库等环节。每个环节都存在处理和等待两种状态，因此产生库存及其管理的要求，机械制造系统自动化正是恰当地处理这两种状态，以达到提高产品的质量、减轻劳动强度、提高劳动生产率、减少生产场地、节省能源消耗、降低生产成本的目的。

机械制造系统自动化可分为单一品种大批量生产自动化和多品种小批量生产自动化两大类。由于两类特点不同，采用的自动化手段也不同。

（一）单一品种大批量生产自动化

由于品种单一，批量大，可采用专用设备实现，即“刚性自动化”，最大的缺点是不能适应产品的改变，灵活性差，通常采用以下措施。

（1）通用机床的自动化改装实现工序自动化。

（2）自动机床和半自动机床实现工序自动化。

(3) 组合机床和专用自动化机床实现多工序自动化。

(4) 自动化生产线针对某一零件的全部工序自动化。

(二) 多品种小批量生产自动化

随着消费的个性化、产品的多样化，带来多品种小批量的生产。由于计算机技术、数控技术、加工中心、工业机器人技术的发展，一类针对随机的、不确定的环境下的生产过程自动化技术发展起来，出现了以计算机集成制造系统为代表的机械制造系统自动化，主要有以下技术：

1. 数字控制技术和数控机床

数字控制技术主要用来控制机床的运动，保证工件的尺寸和形位。数字控制技术已发展成基础技术，可用于机床和机器人等其他机械中。

从数字控制机床的功能来分，数控机床有简易型、经济型、全功能型、加工中心（可进行多种加工并带有自动换刀装置）。从数字控制系统方面来分，又可分类计算机控制和计算机直接控制是用单台计算机控制单台机床，特点是通用性好，硬件和软件功能强，工作可靠，维修方便，价格便宜。DNC 是用一台计算机以分时方式控制多台机床完成不同的工作，故又称群控。DNC 已发展为多级的递阶控制。

2. 适应控制

在机械加工中，在线检测加工状态，并及时修正控制参数，以实现加工过程的优化，获得预定的加工目标或效果，称为适应控制。一个适应控制系统正常工作，必须具备判别功能、能和校正功能。

适应控制可分为性能适应性控制和几何适应性控制，而性能适应性控制又可分为优化适应和约束适应性控制。

3. 柔性制造系统

是当前应用最广泛的制造系统。一般是指可变的、自动化程度较高的制造系统，由多台数控机床或加工中心组成，没有固定的加工顺序和节拍，能在不停机的情况下更换工件及夹具，在时间和空间（多维性）上都有高度的可变性。

4. 计算机集成制造系统

亦称为计算机综合制造系统。它是由以计算机辅助设计为核心的产品建模信息系统，以计算机辅助制造为中心的加工、检测、装配自动化工艺系统，以计算机辅助生产管理为主的管理信息系统所组成的综合体。

（三）柔性制造系统（FMS）

1. FMS 的特点和适用范围

一般由多台数控机床和加工中心组成，并有自动上、下料装置、仓库和输送系统，在计算机的集中控制下，实现加工自动化。

特点与传统刚性自动线相比有以下显著的特点。

（1）具有高度的柔性，能实现多种工艺要求不同的同“族”零件加工，实现自动化更换工件、夹具、刀具及装夹，有很强的系统软件功能。

（2）具有高度的自动化程度、稳定性和可靠性，能实现长时间的无人自动连续工作。

（3）设备利用率高，减少了调整、准备终结等辅助时间。

（4）生产率高。

（5）直接劳动费用低，经济效益好。

2. 适用范围

FMS 适用范围广，主要解决单件小批生产的自动化，把高柔性、高质量、高效率结合和统一起来，具有很强的生命力，是当前最有实效的生产手段之一，并逐渐向中大批量多品种生产的自动化发展。

3. FMS 的类型

FMS 一般可分为柔性制造系统单元、柔性制造系统、柔性制造生产线，但统称为柔性制造系统。

（1）柔性制造单元（Flexible Manufacturing Cell，FMC）由单台计算机控制机床或加工中心、环形（圆形或椭圆形）托盘输送装置或工业机器人所组成。采用切削监视系统实现自动加工，不停机转换工件进行连续生产。

（2）柔性制造系统由两台或两台以上的数控机床或加工中心或柔性制造单元所组成，配有自动输送装置（有轨、无轨输送车或机器人）、工件自动上下料装置（托盘交换或机器人）、自动化仓库，并有计算机综合控制功能、数据管理功能、生产计划和调度管理监控功能等。为由两台加工中心所组成的柔性制造系统。

（3）柔性制造生产线（Flexible Manufacturng Line，FML）针对某种类型零件的，带有专业化生产的特点。由多台加工中心或数控机床组成，其

中有些机床带有一定的专业性，全线机床工艺过程布局，可以有生产节拍，但在本质上是柔性的，是可变加工生产线，具有柔性制造系统的功能。

4. FMS 组成和结构

FMS，由物质系统、能量系统和信息系统三部分组成。

FMS 的主要加工设备是加工中心和数控机床，一般由 3～6 台组成。输送装置有输送带、有（无）轨输送车、行走式工业机器人等，也用一些专用输送装置，还可同时采用多种输送装置形成复合输送网（线形、环形和网形）。贮存装置可用立体仓库和托盘站。托盘是随行夹具，工件装夹在夹具上，托盘、夹具、工件形成一体，由输送装置输送。仓库有毛坯、零件、刀具库和夹具库等。刀具库有中央刀具库和在机床旁边的专用刀具库。柔性制造系统除主要加工设备外，还有清洗工作站、去毛刺工作站和检验工作站等，它们都是柔性工作单元。FMS 多由小型计算机、计算机工作站、设备控制装置形成递阶控制，分级管理，有以下工作内容。

（1）生产过程分析和设计包括产品零件的工艺过程设计和整个产品装配工艺过程设计，应考虑工艺过程优化，能适应生产调度变化的动态工艺问题。

（2）生产计划制定生产作业计划，保证均衡生产，提高设备利用率。

（3）工作站和设备的运行控制对机床、物料输送系统、物料存储系统、测量机、清洗机等的全面递阶控制。

（4）工况监测和质量保证对整个系统的工作状况进行监测和控制，保证工作安全可靠，运行连续正常，质量稳定合格。

（5）物资供应与财会管理使现行运行的柔性制造系统产生实际技术经济效果，因为柔性制造系统投资较大，实际运行效果必须考虑。

（四）计算机集成制造系统（CIMS）

1. CIMS（Computer Integrated Manufacuring System）的概念

CIMS 是在自动化技术、信息技术和制造技术的基础上，通过计算机及其软件，将制造工厂全部生产活动所需的各种分散的自动化系统有机地集成起来，是适合于多品种、中小批生产的总体高效益、高柔性的智能制造系统。

功能上，CIMS 包含了一工厂的全部生产经营活动，即从市场预测、产品设计、加工工艺设计、制造、管理乃至售后服务的全部活动。是一个复杂的大系统，是工厂自动化的发展方向，未来制造工厂的模式。

集成上，CIMS 涉及的自动化不是工厂各个环节的自动化的简单叠加，而是在计算机网络和分布数据支持下的有机集成。主要体现在以信息和功能为特征的技术集成，以缩短产品开发周期，提高质量，降低成本。这种集成不仅是物质的集成，而且是人的集成。

2. CIMS 的构成

（1）功能构成

CIMS 包含了一个制造工厂的设计、制造和经营管理三种主要功能，在分布式数据库、计算机网络和指导集成的系统技术等所形成的支撑环境下将三者结合起来。

① 设计功能

包括计算机辅助设计、计算机辅助工艺过程设计、计算机辅助制造工程设计的分析工作。

② 加工制造功能

由加工工作站、物料输送及存储工作站、控制工作站、夹具工作站、清洗工作站等完成产品的加工制造。同时，应有工况检测和质量保证系统以便稳定可靠地完成加工制造任务。

③ 生产经营管理功能

经营方面包括市场预测和制定发展战略计划。管理方面包括制定年、月、周、日生产计划，物料需求计划，制造资源计划。

（2）结构构成

任何企业都是层次结构的，但各层的职能信息特点可能不同。CIMS 可以由公司、工厂、车间、单元、工作站和设备六层组成，也可以由公司以下的五层，工厂以下的四层组成。工厂、车间、单元、工作站和设备各层的职能，分解为计划、管理、协调、控制和执行。层次较高，信息比较抽象，处理信息的周期也长；层次越低，信息越具体，处理信息的时间要求越短。

（3）学科构成

CIMS 是系统学科、计算机科学与技术、制造技术交互渗透结合产生的集成方法与技术，并将此技术用到制造环境中。

3. CIMS 的应用范围

CIMS 的应用对象是制造业，特别是离散型制造业，如汽车、飞机、机床和电子电器产品适合于要求多品种、中小批的生产企业。

三、计算辅助制造

计算机辅助制造（Computer Aided Manufacturing，CAM）是指用计算机进行的从产品设计到加工制造过程的一切生产活动，它包括计算机辅助工艺过程设计（CAPP）、数控（NC）编程、工时定额的计算、生产品计划的制定、资源需求计划的制定，以及制造活动中与有关的加工、装配、检验、存储、输送等过程的监控和管理。

（一）CAM 系统的组成

1. 硬件

有 CNC 机床、加工中心、检测装置、输送装置（输送带、无人小车等）、装卸装置（机器人等）、大型计算机、小型计算机或微机等。

2. 软件

系统软件是一个计算机编程系统网络，用来对制造数据流进行监测、处理和控制，使硬件正常工作。

（1）数据库

CAM 数据库内存储了产品生产计划和制定零件加工工艺、编制零件数控加工程序、加工过程的计算机控制等任务所需的各种分析和计算机资料（如图表、手册等），并能自动检索所需的数据和计算公式，使整个工艺设计和加工过程由计算机来完成。

（2）生产管理调度程序

作用是控制生产过程。它产生下列有效信息：加工中每个零件的状况；每台 NC 机床的状况；实际生产时间与计划生产时间的比较；机器及系统即将出现的故障等，并依据这些信息确定每台机床的生产负荷，保持设定的优先次序。

（3）制造控制程序

根据所采用的 NC 机床决定控制方式，向 NC 装置传递 NC 加工控制指令。

(4) 制造处理程序

数控加工中的一些数值计算，如插补、曲线拟合、刀具半径和长度补偿以及数学模型处理、数据处理等。

(5) 质量控制程序

通过自动测量系统获取加工工件质量的信息，判定制造系统差时启动控航进行自动调整、校正或补偿。

(6) 监测程序

监视整个 CAM 系统，出现异常时产生的报警。内容有电网电压波动、切屑阻塞、环境污染、生产和库存管理、设备管理等。

(二) 成组技术

成组技术是根据几何形状、尺寸等几种特征以及工艺对被加工零件进行分组（族），按分组编制成组工艺，设计成组夹具，实则是生产自动化。它是组成工艺与数控加工技术、计算机管理技术的综合结果，是实现计算机辅助工艺过程设计的基础。

1. 成组工艺的基本原理

把形状、尺寸、工艺相近的零件组成一个零件族（组），按零件族制定工艺进行设计加工。工艺相似包括三个方面：用相似的夹具安装，用相似的工艺加工，用相似的量仪测量。

2. 成组工艺的实施方法

有如下几个步骤。

(1) 产品零件按零件分类编码系统分组。

(2) 制定零件的成组加工工艺。

(3) 设计成组工艺装备，合成组的夹具、刀具、量具和辅具等。

(4) 组织成组加工生产线，设计输送装置、装卸装置、仓库等。

3. 零件的分类编码系统

零件的分类编码是指用数字来描述零件的结构特征（几何形状、尺寸）、工艺特征以及生产组织特征，即零件特征的数字化。它是实现成组工艺的主要工具。

零件分类编码通过零件分类编码系统实现。世界上各主要工业国家都有自己的零件分类编码系统。常见的有：日本的 Kk 系统、德国的奥匹兹

(Opitz) 系统等。Opitz 编码系统比较完善适用，很多国家采用它。我国也参考 Opitz 编码系统制定了“机械工业成组技术零件分类编码系统”，(JLBM-1)。

4. 零件的计算机辅助分类方法

以模式识别理论为基础对零件进行分类的方法，其中效果最好的是势函数法。势函数法的基本思想是：为每族零件事先选定一个标准零件，其复杂程度足够包含该族的各种特征，势函数值为 1.0000 的被分类零件均与标准零件做相应参数的比较，获得该零件的势函数值，势函数值相近的零件组成一组。

(三) 计算机辅助工艺过程设计

计算机辅助工艺过程设计是以成组技术为基础，用计算机来编制合理的零件加工工艺过程。它在现有技术基础上，以高效率、低成本、合格的质量和规定的标准化程度来拟定最佳制造方案，从而把产品的设计信息转化为制造信息。它是 CAM 系统的重要基础，是连接 CAD 和 CAM 的纽带。

CAPP 使得编制工艺这一传统手工过程实现自动化，大幅度提高工作效率、提高生产工艺水平和产品质量，缩短生产准备时间，加快了新产品试制。

1. CAPP 的基本原理和方法

有两种方法：派生法和创成法。两种方法的结合称为综合法。

(1) 派生法

派生法和创成法的直接基础是成组技术。基本思想是：一个零件族中设计一个主样件，它足够复杂，反映出零件族的所有形面要素。针对主样件制定其最优的加工工艺过程，存放于计算机中。被加工零件经成组分类后输入计算机，由计算机识别并与该族进行比较，将形面特征、尺寸的精度等因素作为变量，调用主样件的加工工艺过程文件，确定出加工顺序，选择机床刀具，计算机切削参数，最终获得完整的加工工艺规程。

(2) 创成法

创成法的基础是几何要素分析与加工设计。基本思想是：分析组成零件的几何要素，对每个几何要素事先规定相应的加工要素（含加工方法、加工顺序逻辑关系）。被加工零件图形输入计算机后，由计算机识别组成的几何要素，调用相应的加工要素很多，每种要素又可以有多种组合方案。因此，本方法需要使用大容量的计算机。

目前已经实现的 CAPP 系统大多采用以派生法为主、创成法为辅助的综合法，即工序设计用派生法而工步设计用创成法。

2. CAPP 分类

根据功能和自动化程度分成四大类。

(1) 工艺过程修改设计

利用存入计算机中的典型工艺规程进行适当的修改设计（属派生法）。

(2) 工艺过程综合设计

根据加工任务选用相似的工艺过程、计算工艺参数（属派生法）。

(3) 新工艺过程设计

根据加工任务，使用创成法设计新工艺规程。

(4) 自适应的工艺过程设计

根据加工任务和描述图形的数据自动生成工件几何形状，而后用创成法设计新工艺规程。

(四) 数控自动编程

利用计算机辅助方法自动生成数控加工程序，均称为自动编程。根据零件描述方法不同，自动编程又分成数控语言编程、CAD/CAM 系统编程、自动编程三种。

1. 数控语言编程

使用专用的语言和符号描述零件的几何形状和刀具相对于零件运动的轨迹、顺序和其他工艺参数。简化了编程，省略了坐标计算，提高了编程效率。经编程获得的源程序输入计算机去进行编译处理，再经后置处理生成控制机床的数控加工程序。典型的数控编程语言是美国 MIT 开发的“自动编程工具”APT。该方法的明显缺点是人工编制源程序。

2. CAD/CAM 系统编程

编程人员从加数据库中调出零件图形文件，采用多级功能菜单的人机界面进行编程，编程中系统给出足够的提示帮助信息。CAD/CAM 系统编程功能自动地查询被加工部位图形元素的几何信息；对设计信息进行工艺处理；计算刀具中心轨迹；定义刀具类型；定义刀位文件数据。某

些 CAD/CAM 系统还能进一步进行后置处理，自动生成数控加工程序，并进行加工模拟，以检验程序的正确性。CAD/CAM 系统编程的自动化程度大大提高。

3. 自动编程

是以 CAPP 技术为基础、完全自动化地编程方式。系统从 CAD 数据库获取零件的几何信息，从 CAPP 数据库获取零件加工过程的工艺信息，再调用 NC 源程序生成软件来生成数控加工程序。然后再对数控加工程序动态仿真，若正确无误则把加工程序送到机床去进行加工。这种编程方式实现了从 CAD 到 NC 的全过程自动化。

四、先进生产模式

20 世纪 90 年代，世界经济发生了重大的变化。1991 年美国的“国家关键技术计划”，将“制造技术”列入六项关键技术（材料、制造、电子信息、生物工程与生命科学、能源与环境、航空航天与地面交通）之中。高速发展的信息化和制造业的全球化，使得国际市场的竞争愈演愈烈，并由此不断促进现代化管理理论和技术的发展和创新。由美国和日本等发达国家引导的先进生产模式逐步在世界各国推广应用。准时生产（JIT）、精益生产（LP）、单件产品生产（OKP）、并行工程（CE）、敏捷制造（AM）、智能制造系统（IMS）等新思想新技术的相继涌现，在现代化生产经营和管理模式的开拓创新领域里，呈现出蓬勃发展的态势。这些新的生产模式使制造业的制造工艺技术、技术装备、产品质量、生产效率和适应市场的应变能力发生了重大的变化。

（一）独立制造岛

独立制造岛（Alone Manufacturing Island，AMI）是我国学者 20 世纪 80 年代提出的制造系统新概念。它是以成组技术基础（即适合于若干个零件族）、以 CNC 机床为核心（不排斥普通机床）、强调信息流的自动化、以人为中心的生产组织方式。它并非追求全面自动化和无人化，而是强调发挥人在制造系统中的作用，是先进的生产组织方式。

（二）并行工程

并行工程（Courrent Engineering，CE）指集成地、并行地设计产品及零件和相关过程的一种系统方法。要求产品开发人员与有关人员共同工作，在产品的设计阶段就充分地预报该产品在制造、装配、销售、使用、售后服务以及报废、回收等环节中的“表现”，发现可能存在的问题，及时地进行修改和优化。其目的是减少产品开发中走弯路与反复，缩短产品的开发周期，甚至于做到产品开发的一次成功。并行工程常用计算机仿真技术预测设计的产品在加工、装配、使用和维修等环节中的情况、结果和可能出现的问题，并及时进行个性设计，直到认为满意才投入生产。计算机仿真过程也称虚拟制造。

（三）精益生产

精益生产（Lean Production，LP）是通过系统结构、人员组织、运行方式和市场供求等方面的变革，使生产系统能很快适应用户需求，并能使生产过程一切无用、多余的东西被精简，最终达到包括市场供销在内的生产和各方面的最好结果。

1. LP 的基本原则

（1）以“人”为中心

尊重人，充分发挥人的主观能动性。把工人组织起来，集体对产品负责，生产线一旦出问题，每个工人都有权把生产线停下来，以分析和解决问题。

（2）以“简化”为手段

简化企业的组织机构，简化产品的开发过程和零部件的制造过程，简化产品结构，简化一些不必要的工作内容，杜绝一切浪费。

（3）以“尽善尽美”为最终目标

不断改善、追求完善。生产中要求以 100%的合格率从前工序到后工序。绝不允许任何中间环节有不合格的产品流入后道工序。

2. IP 的技术组成

一般认为 LP 技术包括准时生产和全面质量管理。

（1）准时生产（Just In Time Prduction，JITP）

JITP 的基本含义是在所需要的时间，按需要的数量生产所需要的产品（或零件），目的是加速半成品的流动，将资金的积压减少到最低限度，从而提高企业的生产效益。

采用 JITP 方法进行生产规划与调度难度较大，需要利用计算机来建

模、仿真、信息传递和生产调度。另外，除了需要严密的组织和灵活的调度外，还具备一定的外部条件：畅通原材料、标准件、外购件的供应渠道，否则，难以“准时”。从此意义上说，JITP 技术是一项社会工程，需要各行业、各企业齐心协力，步调一致，才能顺利实施。

（2）全面质量管理（Total Quality Control，TQC）

TQC 有以下几层含义：

全方位的质量管理：不仅对产品的功能质量进行管理，而且对现代质量概念各个方面进行管理，包括寿命、可靠性、安全性等方面的质量。

全过程质量管理：不仅对加工制造过程进行管理，且对市场调查、产品设计开发、外协准备、制造装配、检查试验、售后服务等影响产品质量的所有环节进行管理，重在排除过程中引起废品的因素，而不仅是最终检查剔除废品。

全员质量管理：全企业的所有人员，上自经理、长，下至操作工人，全都参与质量管并使产品标准直观易懂，增强质量管理。100%自己检查产品，自我纠正误差，不断改正方案。并使产品标准直观易懂，增强质量“可见性”强化全员的质量意识。

（四）敏捷制造

1. AM 的内涵

（1）分布式、网络化

以计算机网络将本地的、异地的，甚至异国的制造企业或制造资源（设备、产品设计或工艺规程）联成一个整体，为共同的目的进行协调和努力。如果说 CIMS 侧重于企业内部各部门、各环节之间的集成与信息交流，那么 AM 则发展到企业之间的集成与信息交流。

（2）动态联盟

这一概念突出反映了企业的敏捷性。由计算机网络所组织起来的企业联盟并不是固定的、永久的，而是随着市场演变，不断地进行动态的调整。它是一种临时性的联盟，随着市场机遇的产生和被发现迅速地组织起来，最大限度地发挥已有资源的作用（无论这些资源是在本厂、本地、外地甚至外国）及时满足市场需要，这种联盟也随着市场机遇的逝去而消失。重要的是：这种联盟是由利益驱动，由共同、平等的“游戏规则”来维持，而不是行政命令和长官意志的产物。

(3) 工作小组

作为动态联盟的备选企业，其内部组织结构和运行模式做了根本性的改革。它不按功能划分部门，而按生产任务设置若干小组。小组由项目经理领导，配有各方面的人员及各种必要的设备，具有互补性，使得小组在执行某项任务时具有“自足性”“自治性”，大大减轻了上级部门的调度工作量和管理的压力。

2. AM 的特点

(1) 具有敏捷性和快速反应能力

由于借助计算机网络来集成，能敏捷跟上市场变化，快捷性满足用户需求。这样不仅提高了企业对市场变化的反应速度，还减小了企业承担的风险。

(2) 制造资源得到充分利用

由于分布式、网络化的制造系统使资源跨企业、跨地、跨国界高度协作，做到有无互通、优势互补。

(3) 局部利益达到高度一致

因为动态联盟建立在“共同利益”的基础上，为了效益，大家才走到一起，任何欺骗和违规的行为将受到“游戏规则”的制裁，保证了局部和整体利益的高度一致。

由此可见，以计算机网络支持、按动态联盟方式运作、采用工作小组的组织形式的州技术是实现顾客化大生产的理想企业组织结构，它将是 21 世纪最重要的生产模式。

(五) 智能制造系统

智能制造系统（Intelligent Manufacturing System，IMS）是将人工智能融合进制造系统各个环节，通过模拟专家的智能活动，取代或延伸制造环境中本应由专家进行的活动。它具有自适能力、自学习能力和自组织能力，能做到：自动监视自身的运动状态；发现错误进行改正或预测错误进行预防；应对外界突发事件；自动调整自身参数来适应外部环境。目前的研究领域主要是：智能设计、智能机器人、智能调度、智能办公、智能诊断、智能控制等。它是未来的制造系统模式。

（六）多智能体协同系统

1. 多智能体协同系统的概念

用人工智能来控制各个生产环节，可视为一“智能体”（可以是一台智能机器、一条智能生产线、一个车间、一家工厂）。它们基于自身的利益和公共游戏规则来进行决策，在不确定的环境下自律地执行各种任务以及通过通信联系与其他智能体进行协作。将分布在不同地区的多个智能体，以局域网连接起来，就构成一个多智体协同系统（Muiti-Agent Cooperative System，MACS）。

2. MACS 特点

与传统制造系统相比，MACS 具有以下特点。

（1）分布式与网络化

不同地区的生产与市场资源通过计算机网络连接成一个有机整体，局部的故障或损坏不会摧毁整个系统或造成系统的巨大改变。因此，它具有高度的健壮性和稳定性。

（2）非中心化

系统各智能体是平等的，没有“领导与被领导”的关系（但有一个冲突的仲裁机构，作为服务的智能体）。整个系统的宏观行为与运行模式是由所有智能体作出的微观决策来共同决定的，故个别智能体的决策失误不会危及整个系统的效率与安全。

（3）利益驱动与动态重组

各智能体的行为出其自身利益所驱动。系统采用“招标”方式来运行，服务器从网络上招揽订单，订单智能体分解任务进行“招标”，有关智能设备来“招标”，并签订任务合同。由此组成动态联盟，任务完成，联盟解散。它完全是一种开放型的系统，可收可放，收则成很小的一单元，放则可席卷全球，成为跨行业、跨地区、跨国界的大型公司。

（4）复杂性

单个智能体的结构和特性简单、平凡，而由它们组成的 MACS 却表现出极为复杂的特性行为，包括非线性、分叉、突变、混沌与自组织等行为和特性。

在即将到来的知识经济时代，全球一体化和网络化将成为世界经济的

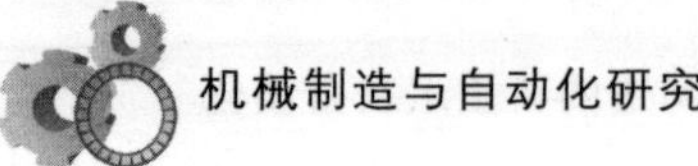

重要特征，而 MACS 为未来企业的网上生存提供了一种可行的模式，它将不断地得到应用和推广。

（七）绿色制造

1. 绿色制造的概念

绿色制造（Green Manufacturing，GM），也称环境意识制造（Enviromnent Comscious Manufacturing，ECM），是一种综合考虑环境影响资源效率的现代化制造模式。其目的是使产品从设计、制造、运输、使用到报废处理的整个产品生命周期中，对环境的负面影响最小，资源利用率最高。绿色制造是可持续发展战略在制造业中的体现，是现代制造业的可持续发展模式。

GM 涉及的问题有三个方面：一是制造问题，包括产品生命周期全过程；二是环境保护问题；三是资源优化利用问题。绿色制造是这三部分内容的交叉。

2. GM 的特点

（1）具有系统性

与传统制造系统相比，本质特征在于 GM 除保证一般的制造系统功能外还要保证环境污染为最小。

（2）突出预防性

GM 是对产品和生产过程进行综合预防污染的战略。强调以预防为主，通过污染物源减少和保证环境安全的回收利用，使废弃物最少化或消失于生产过程中。

（3）保持适合性

GM 需结合产品的特点和工艺要求，使制造目标符合企业生产经营发展的需要，又不损害生态环境和保护自然资源的潜力。

（4）符合经济性

通过 GM，可以节省材料和能源消耗，降低废弃物处理费用，降低生产成本，增强市场竞争力，生产绿色产品使企业在国际市场上具有更大的竞争力。

（5）注意有效性和动态性

GM 从末端治理转向对产品及生产过程的连接控制，使污染物的产生最

少化并消失于生产过程之中，综合利用再生资源和能源与物料的循环利用技术，有效地防止污染再产生。

3. 绿色制造系统

绿色制造系统可概括为三个内容、三条途径、两个目标。

（1）GM 的三个内容

用绿色材料、绿色能源，经过绿色的生产过程（绿色设计、绿色工艺技术、绿色生产设备、绿色包装、绿色管理等），生产出绿色产品。

绿色能源：在产品生命周期全过程中尽量节约能源，使其得到最大限度的利用，以安全、可靠和取之不尽的能源为基础，如太阳能、风能、生物质能、地热能、海洋能等。

绿色生产过程：指将绿色产品的构思转变为最终产品的所有过程的总和。主要包括绿色设计、绿色材料、绿色工艺技术、绿色生产设备、绿色包装、绿色营销、绿色管理等。

绿色产品：应符合人机工程学原理，得到相应的绿色标志认可。

（2）GM 的三条途径

改变观念，树立良好的环保意识，并体现在具体行动上，可通过加强立法和宣传教育来实现。

从技术方面入手。为 GM 实施提供经济可行的方法，建立产品绿色程序的评价机制，解决所出现的问题。

利用市场机制和法律手段，加强企业内部管理及外界的协调，提高企业全体员工的素质和绿色观念，创造良好的绿色文化氛围，促进绿色技术、绿色产品的发展和延伸。

（3）GM 的两个目标

资源综合利用：即通过资源综合利用、短缺资源的代用、可再生资源的利用、二次能源利用及节能降耗措施延缓资源能源的枯竭，实现持续利用。

环境保护：即减少废料和污染物的生成和排放，提高工业产品在生产过程和消费过程中与环境的相容程度，降低整个生产活动给人类和环境带来风险，最终实现经济效益和环境效益的最优化。

4. GM 工艺技术

（1）GM 工艺的类型

节约资源的工艺技术：指在生产过程中简化工艺系统组成，节省原材料消耗的工艺技术。如优化毛坯形状、减少加工余量、选用新型刀具材料以提高刀具寿命、降低刀具材料消耗、减少或取消切削液的使用等。

节省能源的工艺技术：加工过程消耗大量的能量，一部分转化为有用功，而大部分转化为其他形式而消耗掉，如摩擦、发热等。采用的方法有减磨、降耗或采用低能耗工艺。

环保型工艺技术：生产过程为——输入/输出系统，输出除产品外，还会输出对环境、操作者有影响或危害物质，如废液、废气、废渣、噪声等。环保型工艺技术就是通过一定期的工艺环节，使这些物质尽可能减少或完全消除，提高系统运行效率。

（2）机械加工中 GM 工艺技术

GM 技术在机械工业中应用领域很广，如铸造、锻压、焊接、热处理、表面保护、机械冷加工均可实施 GM 技术。

机械冷加工中的 GM 工艺主要有干式切削和干式磨削两大类。

干式切削加工：干式切削加工就是的加工过程中不用冷却润滑的加工方跃目前干式加工的范围有限，其研究和应用已成为加工领域的一个特点。

干式加工又分完全干式加工和准干式加工。

完全干式加工是在加工过程中不用任何切削液的工艺方法。它对刀具材料、机床结构、刀具装夹方式有较高的要求，应用范围有限。

介于湿切与干式切削之间的加工技术称为准干式切削（Near Dry Machining，NDM）加工或最少切削液切削加工（Minnimal Quantities of Lubricant，MQL）。也就是说，当切削过程所用的切削液的量很少时，即为准干式切削加工。当机床调整到最佳状态，每一加工工时所消耗的切削液不足 50 mL，只要使用得当，刀具、工件和切屑必然是干燥的，可避免进行干燥或其他处理手段。准干式切削加工目前主要用于铸铁、钢和铝合金的钻削、铰削和攻螺纹等加工中，也可用于合金的端铣加工和深孔加工。

干式磨削加工：磨削加工时，使用油基磨削液，会产生油气烟雾，造成周围环境恶化，同时磨削液后期处理过程复杂，既费时成本又高。因此，采用干式磨削和新型磨削方式是 GM 工艺的技术之一。目前，采用热传导性良好的 CBN 砂轮进行低效率磨削乃是 GM 干式磨削加工方法之一。另一种有效的方法是强冷风磨削，原理是通过热交换器，把压缩空气用液氮（-190 ℃）冷却-110 ℃，然后经喷嘴喷射到磨削点上，由于压缩空气温度很

低，所以在磨削点上很少有火花出现，几乎没有热量产生，因而工件热变形极小，可得到 1 μm 以内的椭圆度。采用强冷风磨削不仅可进行无公害加工，还免去了磨削液和处理磨削液的费用，而且磨屑也易回收利用，磨削效率也可提高，因此这种磨削方法受到很多国家的高度重视。

五、快速成形

快速成形技术，又称实体自由成形技术，是 20 世纪 80 年代初在美国出现，90 年代在世界各国得到迅速发展的一门综合性、交叉性前沿技术，是先进制造技术的重要组成部分。无论是少无切削还是非切削加工，都没有抛开从原材料或毛坯上“去除”多余的材料制成零件的传统思想。快速原型制造（Rapid Proptyping and Manufacting，BPM）是支持材料“逐层堆积”生长成形的制造方法。

快速成形是采用粘贴、熔结、聚合作用或化学反应等手段，有选择地固化（或新结）液体（或固体）材料，从而制造出各种形状的零件。目前发现金属零件快速成形的工艺方法有两大类：间接法和直接法。间接法成形精度高，但成形工艺复杂；直接法成形精度稍差，但成形工艺简单。

（一）激光立体固化快速成形法

它采用立体光刻技术，是一种典型的光致聚合 RPM 制造工艺。它是最早出现和商品化的，也是最广泛和成熟的一种 RPM 系统。

几乎所有的 RPM 系统制作过程都是从零件的 RPM 开始，即先由 CAD 软件设计出零件的三维模型（实体或曲面造型），接着对上述模型进行分层切片，切片时可以得到该层的上下轮廓扫描数据，实体信息生成实体扫描数据。然后将上述扫描数据存入控制数控系统的命令文件。

接着，激光束在数控系统的指令下，通过扫描器进行扫描。扫描从升降平台的第一层液态聚合物开始，聚合物常用热固性光敏树脂。激光扫到之处，光敏树脂被固化成一定厚度的实体层片，未扫过的地方仍然是液态树脂，这样，零件的第一层就制作出来了，然后升降台下移一定的距离，这个距离与设计零件的切片厚度一致（目前层片厚度为 0.05～0.3 m），这时，新一层液态聚合物被覆盖在已固化的第一层上面，激光束开始按照第二层数据进行扫描，在第二层被固化的同时也与第一层热结在一起。

如此重复进行层层堆积，并且保证相邻层可靠熟结，一个三维实体就制造出来了。整个零件实体制作过程仅是二维的激光扫描和简单的升降运动，这种把一个复杂的三维问题降低为二维问题的工艺，可大大缩短零件的制作时间。此外，对那些形状十分复杂、采用传统方法制造极其困难的零件，采用 RPM 技术制作便能迎刃而解。

（二）选择激光烧结成形法

选择激光烧结（Selectice Laser Sintering，SLS）成形法的基本原理与激光立体固化快速成形一样，所不同的是工艺和材料不同。它采用二氧化碳激光器为能量源，通过红外激光束使塑料、蜡、陶瓷和金属或它们的复合物粉末进行烧结形成实体零件。

成形过程开始，铺粉滚轮将粉均匀地铺在加工平面上。激光束在数控系统的控制下，通过扫描器进行扫描。激光束的光开关的启闭与零件第一层片信息相关。激光束扫过之处，粉末烧结成一定厚度的实体片层，未扫过的地方仍然是松散的粉末，这样，零件的第一层就制造出来了。

用同样的方法制出第二层、第三层直至最后一层，一个三维实体就完成了。在成形过程中，粉末体本身作为成形实体的支撑，因此不必制造工艺支架，可以制出几乎任意形状的实体模型，特别适合制造复杂结构的零件，尤其是铸件模型。

成形材料的多样性，为快速精密铸造提供了多种选择。例如：

① 用蜡粉作烧结原料可直接制造精密铸造蜡模；

② 用可烧失性树脂粉为原料可制成树脂熔模；

③ 用反应性树脂包覆的陶瓷为原料，可制造出铸造型壳。

（三）分层实体制作法

分层实体制作（Laminated Object Manufacturing，LOM）法与 LSL 法基本一样，不同的地方在于成形原料为纸张、金属箔、塑料薄等。

LOM 方法若用纸为原料先制成零件的原型模，表面经过涂层处理后可代替木模使用，直接制造陶瓷或石膏型，最后制成零件。其周期短、精度高。如果在以纸质（或塑料薄膜）的零件原型的表面，涂上耐火浆料，待耐火浆料固化后，再焙烧除去纸质原型，留下一个零件的壳型可直接浇注

金属液体，制成所要求的铸件。这种方法又叫“失纸精密铸造”。若用金属相为原料，可先制成零件的凹模来制作铸件。

（四）熔融堆积成形法

熔融堆积成形（Fused Deposition Modeling，FDM）又称熔融挤出制造（Melt Extrution Manufacturing，MEM）。系统有两个喷嘴和喷头，其中一个喷嘴用于挤出成形材料，另一个用于挤出支撑材料。材料采用改性后的蜡、塑料和低熔点金属或复合材料的丝材。丝材在喷嘴内被加热成熔状。喷嘴的出丝是由未熔融材料对已熔材料的推压而实现的。零件是材料丝熔融堆积成形的。两个喷嘴的扫描路线均由数控系统控制。如何实现在准确的地方堆积准确数量的材料完成有序成形，是这种方法成形质量的关键。

FDM 法的特点是系统具有尺寸大小、成形材料广、成形速度快、环境污染小等优点。

FDM 系统堆积制成的蜡型可以直接用于精密铸造，省去了蜡模制作过程。用陶瓷和金属材料可直接堆积成零件，原型强度可达到材料强度的80%，能直接用于家电产品、摩托车及汽车上。

第二节　机械制造的自动化

制造自动化技术是现代制造技术的重要组成部分，也是人类在长期的社会生产实践中不断追求的主要目标之一。随着科学技术的不断进步，自动化制造的水平也愈来愈高。采用自动化技术，不仅可以大大降低劳动强度，而且还可以提高产品质量，改善制造系统适应市场变化的能力，从而提高企业的市场竞争能力。

制造自动化是在制造过程的所有环节采用自动化技术，实现制造全过程的自动化。制造自动化的任务就是研究如何实现制造过程的自动化规划、管理、组织、控制、协调与优化，以达到产品及其制造过程的高效、优质、低耗、洁净的目标。制造自动化是当今制造科学与制造工程领域中涉及面广、研究十分活跃的方向。

一、机械制造制动化的基本概念

（一）机械化与自动化

人在生产中的劳动，包括基本的体力劳动、辅助的体力劳动和脑力劳动三个部分。基本的体力劳动是指直接改变生产对象的形态、性能相位置等方面的体力劳动。辅助的体力劳动是指完成基本体力劳动所必须做的其他辅助性工作，如检验、装夹工件、操纵机器的手柄等体力劳动。脑力劳动是指决定加工方法、工作顺序、判断加工是否符合图纸技术要求、选择切削用量以及设计和技术管理工作等。

由机械及其驱动装置来完成人用双手和体力所担任的繁重的基本劳动的过程，称为机械化。例如：动走刀代替手动走刀，称为走刀机械化；车子运输代替肩挑背扛，称为运输自动化。由人和机器构成的有机集合体就是一个机械化生产的人机系统。

人的基本劳动由机器代替的同时，人对机器的操纵、工件的装卸和检验等辅助劳动也被机器代替，并由自动控制系统或计算机代替人的部分脑力劳动的过程，称为自动化。人的基本劳动实现机械化的同时，辅助劳动也实现了机械化，再加自动控制系统所构成的有机集合体，就是一个自动化生产系统。只有实现自动化，人才能够不受机器的束缚，而机器的生产速度和产品质量的提高也不受工人精力、体力的限制。因此，自动化生产是人类的理想方式，是生产率不断提高的有效途径。

在一个工序中，如果所有的基本动作都机械化了，并且使若干个辅助动作也自动化起来，工人所要做的工作只是对这一工序作总的操纵与监督，就称为工序自动化。

一个工艺过程（如加工工艺过程）通常包括若干个工序，如果每一个工序都实现了工序自动化，并且把若干个工序有机地联系起来，则整个工艺过程（包括加工、工序间的检测和输送）都自动进行，而操作者仅对这一整个工艺过程作总的操纵和监控，这样就形成了某一种加工工艺的自动生产线，这一过程通常称为工艺过程自动化。

一个零部件（或产品）的制造包括若干个工艺过程，如果每个工艺过程不仅都自动化了，而且它们之间是自动地、有机地联系在一起，也就是

说从原材料到最终产品的全过程都不需要人工干预，这就形成了制造过程自动化。机械制造自动化的高级阶段就是自动化车间，甚至是自动化工厂。

（二）制造与制造系统

制造是人类所有经济活动的基石，是人类历史发展和文明进步的动力。制造是人类按照市场需求，运用主观掌握的知识和技能，借助于手工或利用客观物质工具，采用有效的工艺方法和必要的能源，将原材料转化为最终物质产品并投放市场的全过程。制造也可以理解为制造企业的生产活动，即制造也是一个输入输出系统，其输入是生产要素，输出是具有使用价值的产品。制造的概念有广义和狭义之分，狭义的制造是指生产车间与物流有关的加工和装配过程，相应的系统称为狭义制造系统；广义的制造则包括市场分析、经营决策、工程设计、加工装配、质量控制、生产过程管理、销售运输、售后服务直至产品报废处理等整个产品生命周期内一系列相关联的生产活动，相应的制造系统称为广义制造系统。在当今的信息时代，广义制造的概念已为越来越多的人接受。

国际生产工程学会将制造定义为：制造是一个涉及制造工业中产品设计、物料选择、生产计划、生产过程、质量保证、经营管理、市场销售和服务的一系列相关活动工作的总称。

（三）自动化制造系统

广义地讲，自动化制造系统是由一定范围的被加工对象、一定的制造柔性和一定的自动化水平的各种设备和高素质的人组成的一个有机整体，它接受外部信息、能源、资金、配套件和原材料等作为输入，在人和计算机控制系统的共同作用下，实现一定程度的柔性自动化制造，最后输出产品、文档资料和废料等。

可以看出，自动化制造系统具有五个典型组成部分。

1. 具有一定技术水平和决策能力的人

现代自动化制造系统是充分发挥人的作用、人机一体化的柔性自动化制造系统，因此，系统的良好运行离不开人的参与。对于自动化程度较高的制造系统，如柔性制造系统，人的作用主要体现在对物料的准备和对信息流的监视和控制上，而且还体现在要更多地参与物流过程。总之，自动化制造系统对人的要求不是降低了，而是提高了，它需要具有一定技术水平和决策能力的人参与。目前流行的小组化工作方式不仅要求“全能”的操作者，还要求他们之间有良好合作精神。

2. 一定范围的被加工对象

现代自动化制造系统能在一定的范围内适应加工对象的变化，变化范围一般是在系统设计时就设定了的。现代自动化制造系统加工对象的划分一般是基于成组技术原理的。

3. 信息流及其控制系统

自动化制造系统的信息流控制着物流过程，也控制产品的制造质量。系统的自动化程度、柔性程度以及与其他系统的集成程度都与信息流控制系统密切相关，应特别注意提高它的控制水平。

4. 能量流及其控制系统

能量流为物流过程提供能量，以维持系统的运行。在供给系统的能量中，一部分能量用来维持系统运行，做了有用功；另一部分能量则以摩擦和传送过程的损耗等形式消耗掉，并对系统产生各种有害效果。在制造系统设计过程中，要格外注意能量流系统的设计，以优化利用能源。

5. 物料流及物料处理系统

物料流及物料处理系统是自动化制造系统的主要运作形式，该系统在人的帮助下或自动地将原材料转化成最终产品。一般来讲，物料流及物料处理系统包括各种自动化或非自动化的物料储运设备、工具储运设备、加工设备、检测设备、清洗设备、热处理设备、装配设备、控制装置和其他辅助设备等。各种物流设备的选择、布局及设计是自动化制造系统规划的重要内容。

二、机械制造制动化的内容和意义

（一）制造自动化的内涵

制造自动化就是在广义制造过程的所有环节采用自动化技术，实现制造全过程的自动化。

制造自动化的概念是一个动态发展过程。在“狭义制造”概念下，制造自动化的含义是生产车间内产品的机械加工和装配检验过程的自动化，

包括切削加工自动化、工件装卸自动化、工件储运自动化、零件及产品清洗及检验自动化、断屑与排屑自动化、装配自动化、机器故障诊断自动化等。而在“广义制造”概念下，制造自动化则包含了产品设计自动化、企业管理自动化、加工过程自动化和质量控制自动化等产品制造全过程以及各个环节综合集成自动化，以便产品制造过程实现高效、优质、低耗、及时和洁净的目标。

制造自动化促使制造业逐渐由劳动密集型产业向技术密集型和知识密集型产业转变。制造自动化技术是制造业发展的重要标志，代表着先进的制造技术水平，也体现了一个国家科技水平的高低。

（二）机械制造自动化的主要内容

如前文所述，机械制造自动化包括狭义的机械制造过程和广义的机械制造过程，这里主要讲述的是机械加工过程以及与此关系紧密的物料储运、质量控制、装配等过程的狭义制造过程。因此，机械制造过程中主要有以下自动化技术。

机械加工自动化技术：包括上下料自动化技术、装卡自动化技术、换刀自动化技术和零件检测自动化技术等。

物料储运过程自动化技术：包含工件储运自动化技术、刀具储运自动化技术和其他物料储运自动化技术等。

装配自动化技术：包含零部件供应自动化技术和装配过程自动化技术等。

质量控制自动化技术：包含零件检测自动化技术、产品检测自动化和刀具检测自动化技术等。

（三）机械制造自动化的意义

1. 提高生产率

制造系统的生产率表示在一定的时间范围内系统生产总量的大小，而系统的生产总量是与单位产品制造所花费的时间密切相关的。采用自动化技术后，不仅可以缩短直接的加工制造时间，更可以大幅度缩短产品制造过程中的各种辅助时间，从而使生产率得以提高。

2. 缩短生产周期

现代制造系统所面对的产品特点是：品种不断增多，而批量却在不断减小。据统计，在机械制造企业中，单件、小批量的生产占85%左右，而大批量生产仅占15%左右。单件、小批量生产占主导地位的现象目前还在继续发展，因此可以说，传统意义上的大批大量生产正在向多品种、小批量生产模式转换。据统计，在多品种、小批量生产中，被加工零件在车间的总时间的95%被用于搬运、存放和等待加工中，在机床上的加工时间仅占5%。而在这5%的时间中，仅有1.5%的时间用于切削加工，其余3.5%的时间又消耗于定位、装夹和测量的辅助动作上。采用自动化技术的主要效益在于可以有效缩短零件98.5%的无效时间，从而有效缩短生产周期。

3. 提高产品质量

在自动化制造系统中，由于广泛采用各种高精度的加工设备和自动检测设备，减少了工人因情绪波动给产品质量带来的不利影响，因而可以有效提高产品的质量和质量的一致性。

4. 提高经济效益

采用自动化制造技术，可以减少生产面积，减少直接生产工人的数量，减少废品率，因而就减少了对系统的投入。由于提高了劳动生产率，系统的产出得以增加。投入和产出之比的变化表明，采用自动化制造系统可以有效提高经济效益。

5. 有利于产品更新

现代柔性自动化制造技术使得变更制造对象非常容易，适应的范围也较宽，十分有利于产品的更新，因而特别适合于多品种、小批量生产。

6. 提高劳动者的素质

现代柔性自动化制造技术要求操作者具有较高的业务素质和严谨的工作态度，无形中就提高了劳动者的素质。特别是采用小组化工作方式的制造系统中，对人的素质要求更高。

7. 带动相关技术的发展

实现制造自动化可以带动自动检测技术、自动化控制技术、产品设计与制造技术、系统工程技术等相关技术的发展。

8. 体现一个国家的科技水平

自动化技术的发展与国家的整体科技水平有很大的关系。

总之，采用自动化制造技术可以大大提高企业的市场竞争能力。

三、机械制造制动化的途径

产品对象（包括产品的结构、材质、重量、性能、质量等）决定着自动装置和自动化方案的内容；生产纲领的大小影响着自动化方案的完善程度、性能和效果；产品零件决定着自动化的复杂程度；设备投资和人员构成决定着自动化的水平。因此，要根据不同情况，采用不同的加工方法。

（一）单件、小批量生产机械化及自动化的途径

据统计，在机械产品的数量中，单件生产占30%，小批量生产占50%。因此，解决单件、小批量生产的自动化有很大的意义。而在单周、批量生产中，往往辅助工时所占的比例较大，而仅从采用先进的工艺方法来缩短加工时间并不能有效地提高生产率。在这种情况下，只有使机械加工循环中各个单元动作及循环外的辅助工作实现机械化、自动化，来同时减少加工时间和辅助时间，才能达到有效提高生产率的目的。因此，采用简易自动化使局部工步、工序自动化，是实现单件小批量生产的自动化的有效途径。

具体方法如下。（1）采用机械化、自动化装置，来实现零件的装卸、定位、夹紧机械化和自动化。（2）实现工作地点的小型机械化和自动化，如采用自动滚道、运输机械、电动及气动工具等装置来减少辖助时间，同时也可降低劳动强度。（3）改装或设计通用的自动机床，实现操作自动化，来完成零件加工的个别单元的动作或整个加工循环的自动化，以便提高劳动生产率和改善劳动条件。

对改装或设计的通用自动化机床，必须满足使用经济、调整方便省时、改装方便迅速以及自动化装置能保持机床万能性能等基本要求。

（二）中等批量生产的自动化途径

成批和中等批量生产的批量虽比较大，但产品品种并不单一。随着社会上对品种更新的需求，要求成批和中等批量生产的自动化系统仍应具备一定的可变性，以适应产品和工艺的变换。从各国发展情况看，有以下趋势。

建立可变自动化生产线，在成组技术基础上实现“成批流水作业生

产”。应用PLC或计算机控制的数控机床和可控主轴箱、可换刀库的组合机床，建立可变的自动线。在这种可变的自动生产线上，可以加工和装夹几种零件，既保持了自动化生产线的高生产率特点，又扩大了其工艺适应性。

对可变自动化生产线的要求如下。(1) 所加工的同批零件具有结构上的相似性。(2) 设置“随行夹具”，解决同一机床上能装夹不同结构工件的自动化问题。这时，每一夹具的定位、夹紧是根据工件设计的。而各种夹具在机床上的连接则有相同的统一基面和固定方法。加工时，夹具连同工件一块移动，直到加工完毕，再退回原位。(3) 自动线上各台机床具有相应的自动换刀库，可以使加工中的换刀和调整实现自动化。(4) 对于生产批量大的自动化生产线，要求所设计的高生产率自动化设备对同类型零件具有一定的工艺适应性，以便在产品变更时能够迅速调整。

采用具有一定通用性的标准化的数控设备。对于单个的加工工序，力求设计时采用机床及刀具能迅速重调整的数控机床及加工中心。

设计制造各种可以组合的模块化典型部件，采用可调的组合机床及可调的环形自动线。

对于箱体类零件的平面及孔加工工序，则可设计或采用具有自动换刀的数控机床或可自动更换主轴箱，并带自动换刀库、自动夹具库和工件库的数控机床。这些机床都能够迅速改变加工工序内容，既可单独使用，又便于组成自动线。在设计、制造和使用各种自动的多能机床时，应该在机床上装设各种可调的自动装料、自动卸料装置、机械手和存储、传送系统，并应逐步采用计算机来控制，以便实现机床的调整“快速化”和自动化，尽量减少重调整时间。

（三）大批量生产的自动化途径

目前，实现大批量生产的自动化已经比较成熟，主要有以下几种途径。

1. 广泛地建立适于大批量生产的自动线

国内外的自动化生产线生产经验表明：自动化生产线具有很高的生产率和良好的技术经济效果。目前，大量生产的工厂已普遍采用了组合机床自动线和专用机床自动线。

2. 建立自动化工厂或自动化车间

大批量生产的产品品种单一、结构稳定、产量很大、具有连续流水作

业和综合机械化的良好条件。因此，在自动化的基础上按先进的工艺方案建立综合自动化车间和全盘自动化工厂，是大批量生产的发展方向。目前正向着集成化的机械制造自动化系统的方向发展。整个系统是建立在系统工程学的基础上，应用电子计算机、机器人及综合自动化生产线所建成的大型自动化制造系统，能够实现从原材料投入经过热加工、机械加工、装配、检验到包装的物流自动化，而且也实现了生产的经营管理、技术管理等信息流的自动化和能量流的自动化。因此，常把这种大型的自动化制造系统称为全盘自动化系统。但是全盘自动化系统还需进一步解决许多复杂的工艺问题、管理问题和自动化的技术问题。除了在理论上需要继续加以研究外，还需要建立典型的自动化车间、自动化工厂来深入进行实验，从中探索全盘自动化生产和规律，使之不断完善。

3. 建立“可变的短自动线”及“复合加工”单元

采用可调的短自动线——只包含2～4个工序的一小串加工机床建立的自动线，短小灵活，有利于解决大批量生产的自动化生产线应具有一定的可变性的问题。

4. 改装和更新现有老式设备，提高它们的自动化程度

把大批量生产中现有的老式设备改装或更新成专用的高效自动机，最低限度也应该是半自动机床。进行改装的方法是；安装各种机械的、电气的、液压的或气动的自动循环刀架，如程序控制刀架、转塔刀架和多刀刀架；安装各种机械化、自动化的工作台，如各种各样的机械式、气动、液压或电动的自动工作台模块；安装各种自动送料、自动夹紧、自动换刀的刀库、自动检验、自动调节加工参数的装置、自动输送装置和工业机器人等自动化的装置，来提高大量生产中各种旧有设备的自动化程度。沿着这样的途径也能有效地提高生产率，为工艺过程自动化创造条件。

四、机械制造制动化的构成

（一）机械制造自动化系统的构成

从系统的观点来看，一般的机械制造自动化系统主要由以下四个部分构成。

1. 加工系统

即能完成工件的切削加工、排屑、清洗和测量的自动化设备与装置。

2. 工件支撑系统

即能完成工件输送、搬运以及存储功能的工件供给装置。

3. 刀具支撑系统

即包括刀具的装配、输送、交换和存储装置以及刀具的预调和管系统。

4. 控制与管理系统

即对制造过程进行监控、检测、协调与管理的系统。

（二）机械制造自动化系统的分类

对机械制造自动化的分类目前还没有统一的方式。综合国内外各种资料，大致可按下面几种方式来进行分类。

1. 按制造过程分

分为毛坯制备过程自动化、热处理过程自动化、储运过程自动化、机械加工过程自动化、装配过程自动化、辅助过程自动化、质量检测过程自动化和系统控制过程自动化。

2. 按设备分

分为局部动作自动化、单机自动化、刚性自动化、刚性综合自动化系统、柔性制造单元、柔性制造系统。

3. 按控制方式分

分为机械控制自动化、机电液控制自动化、数字控制自动化、计算机控制自动化、智能控制自动化。

4. 按生产批量分

分为大批量生产自动化、中等批量生产自动化、单件小批量生产自动化。

（三）机械制造自动化设备的特点及适用范围

不同的自动化类型有着不同的性能特点和不同的应用范围，因此应根据需要选择不同的自动化系统。下面按设备的分类作一个简单的介绍。

1. 刚性半自动化单机

除上下料外，机床可以自动地完成单个工艺过程加工循环，这样的机床称为刚性半自动化单机。如单台组合机床、通用多刀半自动车床、转塔车床等。

这种机床采用的是机械或电液复合控制。从复杂程度讲，刚性半自动化单机实现的是加工自动化的最低层次，但其投资少、见效快，适用于产品品种变化范围和生产批量都较大的制造系统。其缺点是调整工作量大，加工质量较差，工人的劳动强度也大。

2. 刚性自动化单机

这是在刚性半自动化单机的基础上增加自动上下料装置而形成的自动化机床。因此，这种机床实现的也是单个工艺过程的全部加工循环。这种机床往往需要定制成改装，常用于品种变化很小但生产批量特别大的场合。如组合机床、专用机床等。其主要特点是投资少、见效快，但通用性差，是大量生产中最常见的加工设备。

3. 刚性自动化生产线

刚性自动化生产线（简称“刚性自动线”）是用工件输送系统将各种刚性自动化加工设备和辅助设备按一定的顺序连接起来，在控制系统的作用下完成单个零件加工的复杂大系统。在刚性自动线上，被加工零件以一定的生产节拍，顺序通过各个工作位置，自动度，具有统一的控制系统和严格的生产节奏。与自动化单机相比，它的结构复杂、完成的加工工序多，所以生产率也很高，是少品种、大量生产必不可少的加工装备。除此之外，刚性自动化还具有可以有效缩短生产周期、取消半成品的中间库存、缩短物料流程、减少生产面积、改善劳动条件、便于管理等优点。它的主要缺点是投资大、系统调整周期长、更换产品不方便。为了消除这些缺点，人们发展了组合机床自动线，可以大幅度缩短建线周期，更换产品后只需更换机床的某些部件即可（例如可换主轴箱），大大缩短了系统的调整时间，降低了生产成本，并能收到较好的使用效果和经济效果。组合机床自动线主要用于箱体类零件和其他类型非回转件的钻、扩、铰、镗、攻螺纹和铣削等工序的加工。

4. 刚性综合自动化系统

一般情况下，刚性自动线只能完成单个零件的所有相同工序（如切削加工工序），对于其他自动化制造内容如热处理、锻压、焊接、装配、检验、喷漆甚至包装却不可能全部包括在内。包括上述内容的复杂大系统称为刚性综合自动化系统。刚性综合自动化系统常用于产品比较单一但工序内容多、加工批量特别大的零部件的自动化制造。刚性综合自动化系统结构复杂，投资强度大，建线周期长，更换产品困难，但生产效率极高，加工质量稳定，工人劳动强度低。

5. 数控机床

数控机床用于完成零件一个工序的自动化循环加工。它是用代码化的数字量来控制机床，按照事先编好的程序，自动控制机床各部分的运动，而且还能控制选刀、换刀、测量、润滑、冷却等工作。数控机床是机床结构、液压、气动、电动、电子技术和计算机技术等各种技术综合发展的成果，也是单机自动化方面的一个重大进展。配备有适应控制装置的数控机床，可以通过各种检测元件将加工条件的各种变化测量出来，然后反馈到控制装置，与预先给定的有关数据进行比较，使机床及时进行相应的调整，这样，机床就能始终处于最佳工作状态。数控机床常用在零件复杂程度不高、精度较高、品种多变、批量中等的生产场合。

6. 加工中心

加工中心是在一般数控机床的基础上增加刀库和自动换刀装置而形成的一类更复杂但用途更广、效率更高的数控机床。由于其具有刀库和自动换刀装置，可以在一台机床上完成车、铣、线、钻、铰、攻螺纹、轮廓加工等多个工序的加工。因此，加工中心机床具有工序集中、可以有效缩短调整时间和搬运时间、减少在制品库存、加工质量高等优点。加工中心常用于零件比较复杂，需要多工序加工，且生产批量中等的生产场合。根据所处理的对象不同，加工中心又可分为铣削加工中心和车削加工中心。

7. 柔性制造系统

一个柔性制造系统一般由四部分组成：两台以上的数控加工设备、一个自动化的物料及刀具储运系统、若干台辅助设备（如清洗机、测量机、排屑装置、冷却润滑装置等）和一个由多级计算机组成的控制和管理系统。到目前为止，柔性制造系统是最复杂、自动化程度最高的单一性质的制造系统。柔性制造系统内部一般包括两类不同性质的运动，一类是系统的信息流，另一类是系统的物料流，物料流受信息流的控制。

柔性制造系统的主要优点是：① 可以减少机床操作人员；② 由于配有质量检测和反馈控制装置，零件的加工质量很高；③ 工序集中，可以有效减少生产面积；④ 与立体仓库相配合，可以实现 24 h 连续工作；⑤ 由于集中作业，可以减少加工时间；⑥ 易于和管理信息系统、工艺信息系统及

质量信息系统结合形成更高级的自动化制造系统。

柔性制造系统的主要缺点是：① 系统投资大，投资回收期长；② 系统结构复杂，对操作人员要求较高；③ 结构复杂使得系统的可靠性较差。

一般情况下，柔性制造系统适用于品种变化不大，批量在 200～2 500 件的中等批量生产。

8. 柔性制造单元

柔性制造单元是一种小型化柔性制造系统，柔性制造单元和柔性制造系统两者之间的概念比较模糊。但通常认为，柔性制造单元是由 1～3 台计算机数控机床或加工中心所组成，单元中配备有某种形式的托盘交换装置或工业机器人，由单元计算机进行程序编制及分配、负荷平衡和作业计划控制的小型化柔性制造系统。与柔性制造系统相比，柔性制造单元的主要优点是：占地面积较小，系统结构不很复杂，成本较低，投资较小，可靠性较高，使用及维护均较简单。因此，柔性制造单元是男性制造系统的主要发展方向之一，深受各类企业的欢迎。就其应用范围而言，柔性制造单元常用于品种变化不是很大、生产批量中等的生产规模中。

9. 计算机集成制造系统

计算机集成制造系统是目前最高级别的自动化制造系统，但这并不意味着计算机集成制造系统是完全自动化的制造系统。事实上，目前意义上计算机集成制造系统的自动化程度甚至比柔性制造系统还要低。计算机集成制造系统强调的主要是信息集成，而不是制造过程物流的自动化。计算机集成制造系统的主要缺点是系统十分庞大，包括的内容很多，要在一个企业完全实现难度很大。但可以采取部分集成的方式，逐步实现整个企业的信息及功能集成。

（四）机械制造自动化的辅助设备

机械制造自动化加工过程中的辅助工作包括工件的装夹、工件的上下料、在加工系统中的运输和存储、工件的在线检验、切屑与切削液的处理等。

要实现加工过程自动化，降低辅助工时，以提高生产率，就要采用相应的自动化辅助设备。

所加工产品的品种和生产批量、生产率的要求以及工件结构形式，决定了所采用的自动化加工系统的结构形式、布局、自动化程度，也决定了所采用的辅助设备的形式。

1. 中小批量生产中的辅助设备

中小批量生产中所用的辅助设备要有一定的通用性和可变性，以适应产品和工艺的变换。

对于由设计或改装的通用自动化机床组成的加工系统，工件的装样常采用组合模块式万能夹具。对于由数控机床和加工中心组成的柔性制造系统，可设置托盘，解决在同一机床上装夹不同结构工件的自动化问题，托盘上的夹紧定位点根据工件来确定，而托盘与机床的连接则有统一的基面和固定方式。

工件的上下料可以采用通用结构的机械手，改变手部模块的形式就可以适应不同的工件。

工件在加工系统中的传输，可以采用链式或滚子传送机，工件可以连同托盘和托架一起输送。在柔性制造系统中，自动运输小车是很常用和灵活的运输设备。它可以通过交换小车上的托盘，实现多种工件、刀具、可换主轴箱的运输。对于无轨自动运输小车，改变地面敷设的感应线就可以方便地改变小车的传输路线，具有很高的柔性。

搬运机器人与传送机组合输送方式也是很常用的。能自动更换手部的机器人，不仅能输送工件、刀具、夹具等各种物体，而且还可以装卸工件，适用于工件形状和运动功能要求柔性很大的场合。

面向中小批量的柔性制造系统中可以设置中央仓库，存储生产中的毛坯、半成品、刀具、托盘等各种物料。用堆垛起重机系统自动输送存取，在控制、管理下，可实现无人化加工。

2. 大批量生产中的辅助设备

在大批量生产中所采用的自动化生产线上，夹具有固定式夹具和随行夹具两种类型。固定式夹具与一般机床夹具在原理和设计上是类似的，但用在自动化生产线上还应考虑结构上与输送装置之间不发生干涉，且便于排屑等特殊要求。随行夹具适用于结构形状比较复杂的工件，这时加工系统中应设置随行夹具的自动返回装置。

体积较小、形状简单的工件可以采用料斗式或料仓式上料装置；体积较大、形状复杂的工件，如箱体零件可采用机械手上、下料。

工件在自动化生产线中的输送可采用步伐式输送装置。步伐式输送装置有拉爪式、摆杆式和抬起式等几种主要形式。可根据工件的结构形式、材料、加工要求等条件选择合适的输送方式。不便于布置步伐式输送装置的自动化生产线，也可以使用搬运机器人进行输送。回转体零件可以用输送槽式输料道输送。工件在自动线间或设备间采用传送机输送。可以直接输送工件，也可以连同托盘或托架一起输送。运输小车也可以用于大批量生产中的工件输送。

箱体类工件在加工过程中有翻转要求时，应在自动化生产线中或线间设置翻转装置。翻转动作也可以由上、下料手的手臂动作实现。

为了增加自动化生产线的柔性，平衡生产节拍，工序间可以设置中间仓库。自动输送工件的辊道或滑道，也具有一定的存储工件的功能。

在批量生产的自动线中，自动排屑装置实现了将不断产生的切屑从加工区清除的功能。它将切削液从切屑中分离出来以便重复使用，利用切屑运输装置将切屑从机床中运出，确保自动化生产线加工的顺利进行。

五、机械制造制动化的发展

（一）机械制造自动化的发展历程

自从 18 世纪中叶瓦特发明蒸汽机而引发工业革命以来，制造自动化技术就伴随着机械化开始得到迅速发展。从其发展历程看，制造自动化技术大约经历了 4 个发展阶段。

1. 第 1 阶段：1870—1950 年

纯机械控制随着电液控制的刚性自动化加工单机和系统得到长足发展。如 1870 年美国发明了自动制造螺丝的机器，继而于 1895 年发明多轴自动车床，它们都属于典型的单机自动化系统，都是采用纯机械方式控制。1924 年第一条采用流水作业的机械加工自动线在英国的名爵汽车公司出现；1935 年苏联研制成功第一条汽车发动机气缸体加工自动线。这两条自动线的出现使得制造自动化技术由单机自动化转向更高级形式的自动化系统。在 20 世纪中期前后，位于美国底特律的福特汽车公司大量采用自动化生产线；使汽车生产的生产率成倍提高，汽车的成本大幅度降低，汽车的质量也得到明显改善。随后，西方其他工业化国家、苏联以及日本都开始广泛采用制造自动化技术和系统，使这种形式的制造自动化系统得到迅速普及，其技术也日趋完善，它在生产实践中的应用也达到高峰。尽管这种形式的制造自动化系统仅适合于像汽车这样的大批生产，但它对于人类社会的发展却起到了巨大的推动作用。值得注意的是，在此期间，苏联于 1946 年提出的成组生产工艺的思想，对制造自动化系统的发展具有极其重要的意义。直到目前，成组技术仍然是制造自动化系统赖以生存和发展的主要技术基础之一。

2. 第 2 阶段：1952—1965 年

数控技术和工业机器人技术，特别是单机数控，得到飞速发展。数控技术的出现是制造自动化技术发展史上的一个里程碑。它对多品种、小批量生产的自动化意义重大，几乎是目前经济性实现小批量生产自动化的唯一实用技术。第一台数控机床于 1952 年在美国的麻省理工学院研制成功，它一出现，立即得到人们的普遍重视，从 1956 年开始就逐渐在中、小批量生产中得到使用。1953 年，麻省理工学院又研制成功著名的数控加工自动编程语言，为数控加工技术的发展奠定了基础。1958 年，第一台具有自动换刀装置和刀库的数控机床即加工中心在美国研制成功，进一步提高了数控机床的自动化程度。第一台工业机器人于 1959 年出现于美国。最早的工业机器人是极坐标式的，它的出现对制造自动化技术具有很大的意义。工业机器人不但是制造自动化系统中不可缺少的自动化设备，它本身也可单独工作，自动进行装配、焊接、喷漆、热处理等工作。1960 年，美国研制成功自适应控制机床，使机床具有了一定的智能色彩，可以有效提高加工质量。1961 年在美国出现的计算机控制的碳电阻制造自动化系统。1962 年和 1963 年又相继在美国出现了圆柱坐标式工业机器人和计算机辅助设计及绘图系统，后者为自动化设计以及设计与制造之间的集成奠定了基础。1965 年出现的计算机数控机床具有很重要的意义，因为它的出现为实现更高级别的制造自动化系统扫清了技术障碍。

3. 第 3 阶段：从 1967 年到 20 世纪 80 年代中期

是以数控机床和工业机器人组成的柔性制造自动化系统得到飞速发展的时期。1967 年英国的 Molins 公司研制成功计算机控制 6 台数控机床的可变制造系统，这个系统被称为最早的柔性制造系统，它的出现成功地解决了多品种、小批量复杂零件生产的自动化及降低成本和提高效率的问题。

同年，美国的 Sundstand 公司和日本国铁大宫工厂也相继研制成功计算机控制的数控系统。1969 年日本研制出按成组加工原则的 IKEGAI 可变加工系统，同年美国又研制出工业机器人操作的焊接自动线。随着工业机器人技术和数控技术的发展和成熟，20 世纪 70 年代初出现了小型制造自动化系统，即柔性制造单元。柔性制造单元和柔性制造系统到目前仍是制造自动化的最高级形式，即自动化程度最高并且实用的系统。1980 年日本建成面向多品种、小批量生产的无人化机械制造厂——富士工厂，从原材料到外购件入库、搬运、加工、成品入库等，除装配以外的其他工序均完全实现自动化。20 世纪 60 年代初期还未建成柔性制造系统。需要指出的是，这种无人自动化工厂的努力却是不成功的，原因并不在于技术，而主要在于它的经济性太差，并忽略了人在制造系统中的核心作用。

4. 第 4 阶段：从 20 世纪 80 年代中期至今

制造自动化系统的主要发展是计算机集成制造系统，并被认为是 21 世纪制造业的新模式。计算机集成制造系统是由美国人约瑟夫·哈林顿博士首次提出的概念，其基本思想是借助于计算机技术、现代系统管理技术、现代制造技术、信息技术、自动化技术和系统工程技术，将制造过程中有关的人、技术和经营管理三要素有机集成，通过信息共享以及信息流与物流的有机集成实现系统的优化运行。所以说，计算机集成制造系统技术是集管理、技术、质量保证和制造自动化于一体的广义制造自动化系统。计算机集成制造系统的概念刚开始提出时，并没有受到人们的重视，直到 20 世纪 80 年代初，人们才意识到计算机集成制造系统的重要性，于是世界各国纷纷开始研究并实施计算机集成制造系统。可以说，20 世纪 80 年代是计算机集成制造系统技术发展的黄金时代。早期人们对计算机集成制造系统的认识是全盘自动化的无人工厂，忽视了人的主导作用，国外也确实有些计算机集成制造系统工程是按照无人化工厂来设计和实施的。但是随着对计算机集成制造系统认识的不断深入，更多的人对计算机集成制造系统技术作了重新思考，认为实施计算机集成制造系统应充分发挥人的主观能动性、将人集成进整个系统，这才是计算机集成制造系统的正确发展道路。于是，从 20 世纪 90 年代以来，计算机集成制造系统的概念发生了巨大变化，开始提出以人为中心的计算机集成制造系统的思想，并将并行工程、精益生产、敏捷制造、智能制造和企业重组等新思想、新模式引入计算机集成制造系统，进一步提出了第二代计算机集成制造系统的观念。可以认为，计算机集成制造系统的哲理还会不断发展和完善。以后，智能制造系统是制造自动化的未来发展方向。

我国生产的数控机床虽然有了长足的发展，到目前，我国已在清华大学建成国家计算机集成制造系统工程研究中心，在一些著名大学和研究单位建立了多个计算机集成制造系统单元技术实验室和多个计算机集成制造系统培训中心，在国家立项实施计算机集成制造系统的企业已达数百家。上述成果的取得，使我国在计算机集成制造系统等高水平的制造自动化系统与技术的研究和应用方面积累了经验，并为其发展奠定了基础。我国政府高度重视智能制造的发展，相继出台了一系列政策文件和计划，包括“中国制造 2025”“工业互联网行动计划”等。这些政策文件和计划的出台，为智能制造的发展提供了有力的政策支持和指导，鼓励企业加强技术创新和升级，推动智能制造在我国的发展。目前，在智能制造领域，中国企业的应用场景主要集中在机器人、自动化生产线、物联网技术等方面。在制造业数字化转型的过程中，中国企业积极探索和应用新技术、新模式，推动智能制造在我国的发展。智能制造是数字经济时代的生产方式，是未来制造业发展的必然趋势。在国内，随着数字经济的发展，越来越多的企业开始重视智能制造的发展，积极探索和应用新技术、新模式，推动智能制造在我国的发展。未来，随着人工智能、物联网等技术的不断进步，智能制造将会在我国得到更广泛的应用。

总之，智能制造是未来制造业发展的必然趋势，国内外在智能制造领域的发展现状和趋势各有特点。在未来的发展中，中国制造业需要抓住机遇，加强技术创新和应用，积极推进智能制造的发展，提高制造业的生产效率和产品质量，提高制造业在全球市场的竞争力。

（二）机械制造自动化的发展趋势

随着科学技术的飞速发展和社会的不断进步，先进的生产模式对自动化系统及技术提出了多种不同的要求，这些要求也同时代表了机械制造自动化技术将向可编程、适度自动化、信息化、智能化方向发展的趋势。

1. 高度智能集成性

随着计算机集成制造技术和人工智能技术在制造系统中的广泛应用，

具备智能特性已成为自动化制造系统的主要特征之一。智能集成化制造系统可以根据外部环境的变化自动地调整自身的运行参数，使自己始终处于最佳运行状态，这称为系统具有自律能力。

智能集成化制造系统还具有自决策能力，能够最大限度地自行解决系统运行过程中所遇到的各种问题。由于有了智能，系统就可以自动监视本身的运行状态，发现故障则自动给予排除。如发现故障正在形成，则采取措施防止故障的发生。

智能集成化制造系统还应与计算机集成制造系统的其他分系统共同集成为一个有机的整体，以实现信息资源的共享。它的集成性不仅仅体现在信息的集成上，它还包括另一个层次的集成，即人和技术之间的集成，实现了人机功能的合理分配，并能够充分发挥人的主观能动性。

带有智能的制造系统还可以在最佳加工方法和加工参数选择、加工路线的最佳化和智能加工质量控制等方面发挥重要作用。

总之，智能集成化制造系统具有自适应能力、自学习能力、自修复能力、自组织能力和自我优化能力。因而，这种具有智能的集成化制造系统将是自动化制造系统的主要发展趋势之一。但由于受到人工智能技术发展的限制，智能集成型自动化制造系统的实现将是个缓慢的过程。

2. 人机结合的适度自动化

传统的自动化制造系统往往过分强调完全自动化，对如何发挥人的主导作用考虑甚少。但在先进生产模式下的自动化制造系统却并不过分强调它的自动化水平，而强调的是人机功能的合理分配，强调充分发挥人的主观能动性。因此，先进生产模式下的自动化制造系统是人机结合的适度自动化系统。这种系统的成本不高，但运行可靠性却很高，系统的结构也比较简单（特别体现在可重构制造系统上）。它的主要缺陷是人的情绪波动会影响系统的运行质量。

在先进生产模式下，特别是在智能制造系统中，计算机可以取代人的一部分思维、推理及决策活动，但绝不是全部。在这种系统中，起主导作用的仍然是人，因为无论计算机如何“聪明”，它的智能将永远无法与人的智能相提并论。

3. 强调系统的柔性和敏捷性

传统的自动化制造系统的应用场合往往是大批量生产环境，这种环境不特别强调系统具有柔性。但先进生产模式下的自动化制造系统面对的却是多品种、小批量生产环境和不可预测的市场需求，这就要求系统具有比较大的柔性，能够满足产品快速更换的要求。实现自动化制造系统柔性的主要手段是采用成组技术和计算机控制的模块化数控设备。这里所说的柔性与传统意义上的柔性却不同，我们称之为敏捷性。传统意义上的柔性制造系统仅能在一定范围内具有柔性，而且系统的柔性范围是在系统设计时就预先确定了的，超出这个范围时系统就无能为力。先进生产模式下的自动化制造系统面对的是无法预测的外部环境，无法在规划系统时预先设定系统的有效范围，但由于系统具有智能且采用了多种新技术（如模块化技术和标准化技术），因此不管外部环境如何变化，系统都可以通过改变自身的结构适应之。智能制造系统的这种“敏捷性”比“柔性”具有更广泛的适应性。

4. 继续推广单元自动化技术

制造自动化大致是沿着数控化、柔性化、系统化、智能化的技术阶段升级，并朝数字化、信息化制造方向发展。单元自动化技术是这一技术阶梯的升级基础，包括计算机输入设计制造、数字控制、计算机数字控制、加工中心、自动导向小车、机器人、坐标测量机、快速成形、人机交互编程、制造资源计算、管理信息系统、产品数据管理、基于网络的制造技术、质量功能配置工艺性设计技术等，将使传统过程和装备发生质的变化，实现少或无图样快速设计、制造，以提高劳动生产率，提高产品质量，缩短设计、制造周期，提高企业的竞争力。

5. 发展应用新的单元自动化技术

自动化技术发展迅猛，主要依靠许多使能技术的进步和一些开发工具的扩大，它们将人们构思的自动操作付诸实现。如网络控制技术；组态软件、嵌入式芯片技术、数字信号处理器、可编程序控制器及工业控制机等，都属于自动控制技术中的使能技术。

（1）网络控制技术

即网络化的控制系统，又称为控制网络。分布式控制系统（或称集散控制系统）、工业以太网和现场总线系统都属于网络控制系统。这体现了控制系统正向网络化、集成化、分布化、节点智能化的方向发展。

（2）组态软件

随着计算机技术的飞速发展，新型的工业自动控制系统正以标准的工

业计算机软、硬件平台构成的集成系统取代传统的封闭式系统，它具有适应性强、开放性好、易于扩展、经济及开发周期短等优点。监控组态软件在新型的工业自动控制系统中起到了越来越重要的作用。

（3）嵌入式芯片技术

它是计算机的一种应用形式，通常指埋藏在宿主设备中的微处理系统。嵌入式处理器使宿主设备功能智能化、设备灵活和操作简单，这些设备小到移动电话，大到飞机导航系统，功能各异，千差万别，但都具有功能强、实用性强、结构紧凑、可靠性高和面向对象等共同特点。广义地讲，嵌入式芯片技术是指作为某种技术过程的核心处理环节，能直接与现实环境接口或交互的信息处理系统。

（4）数字信号处理器（DSP）

近几年来，DSP 器件随着性价比的不断提高，被越来越多地直接应用于自动控制领域。

6. 运用可重构制造技术

可重构制造技术是数控技术、机器人技术、物料传送技术、检测技术、计算机技术、网络技术和管理技术等的综合。所谓可重构制造，是指能够敏捷地自我调整系统结构以便作快速响应环境变化即具备动态重构能力的制造。由加工中心、物料传送系统和计算机控制系统等组成的可重构制造有可能成为未来制造业的主要生产手段。

第四章　加工设备及物料供输的自动化

第一节　加工设备自动化

自动化加工设备是指实现了加工循环的自动化，同时具备装卸工件等辅助设备的自动化，半自动循环设备是指仅实现了加工循环自动化的设备。利用自动化或者半自动化加工设备能够实现高效、精密以及可靠的自动半自动加工。

一、加工设备自动化概述

（一）自动化控制的基本组成

1. 指令存储装置

因为被控制的对象是自动化运行的机器，因此需要预先设置好其动作程序，同时将相关指令信息存入相应的装置，一旦需要立即发出，此装置称为指令存储装置。

2. 指令控制装置

指令控制装置的主要作用确保指令存储装置中的指令信息能够及时地发出。如工件加工时达到规定的尺寸时自动量仪的电触点接通。此装置的作用主要是将指令存储装置中的有关信息转变为电信号，电信号命令有关装置完成相关动作。

3. 执行机构

顾名思义，执行机构是最终完成控制动作的环节，常见的执行机构有电磁铁、电动机、工作液压缸等。

4. 传递及转换装置

此装置的作用是将上级（指令控制装置）发出的指令信息传递到执行

机构，信息的传递分为直接传递和压缩传递，但无论如何，所传递的信息质量必须符合要求。

（二）自动化控制的基本要求

自动控制系统应能保证各执行机构的使用性能、加工质量、生产率及工作可靠性。为此，对自动控制系统提出如下基本要求：

（1）应保证各执行机构的动作或整个加工过程能够自动进行。

（2）为便于调试和维护，各单机应具有相对独立的自动控制。

（3）柔性加工设备的自动控制系统要和加工品种的变化相适应。

（4）自动控制系统应力求简单可靠：在元器件质量不稳定的情况下，对所用元器件一定要进行严格筛选，特别是电气及液压元器件。

（5）能够适应工作环境的变化，具有一定的抗干扰能力。

（6）应设置反映各执行机构工作状态的信号及报警装置。

（7）安装调试、维护修理方便。

（8）控制装置及管线布置要安全合理、整齐美观。

（9）自动控制方式要与工厂的技术水平、管理水平、经济效益及工厂近期的生产发展趋势相适应。

对于一个具体的控制系统，第一项要求必须得到保证，其他则根据具体情况而定。

（三）自动化控制的基本方式

1. 开环控制方式

开环控制方式的特点是：指令是预先设置好的，不会因为被控对象实际执行指令的情况而改变。为了实现实际应用的需求，开环控制系统必须时常校准，必须保证校正值不发生变化。由于开环控制较为简单，所以大多数机械设备工厂都采用开环控制方式。

2. 闭环控制方式

闭环控制也称为反馈控制，所谓“闭环”就是指利用反馈装置将输入与输出两端相连，从而有效地减少了系统的误差。因此闭环系统是精度较高的系统，但因为其结构复杂，故应用不是很广。

3. 分散控制方式

分散控制的运行方式为：前一机构完成预设的动作之后，向下一系统发出完成的信号，此信号继而引发了下一机构的动作，由此周而复始，直至所有的动作都已完成。每一部件发出指令信号的方式不同，如运行速率、终点位置以及加工尺寸等。这种控制方式的最大优点是实现自动循环的方法简单，电气元件的通用性强且成本低。

4. 集中控制方式

集中控制方式具有一个中央指令存储和指令控制装置，且以时间顺序连续或间断地发出各种指令信号的控制系统。

二、单机自动化方案

单机自动化是大批量生产提高生产率、降低成本的重要途径。单机自动化往往具有投资省、见效快等特点，因而在大批量生产中被广泛采用。

（一）实现单机自动化的方法

实现单机自动化的方法有以下四种，分别叙述如下。

1. 采用通用自动化或半自动机床实现单机自动化

这类机床主要用于轴类和盘套类零件的加工自动化，例如单轴自动车床、多轴自动车床或半自动车床等。使用单位一般可根据加工工艺和加工要求向制造厂购买，不需特殊订货。这类自动机床的最大特点是可以根据生产需要，在更换或调整部分零部件（例如凸轮或靠模等）后，即可加工不同零件，适合于大批量多品种生产。因此，这类机床使用比较广泛。

2. 采用组合机床实现单机自动化

采用组合机床能够实现对箱体类和杂件类的零件的平面、各种孔和孔系的加工自动化。组合机床是一种以通用化零部件为基础设计和制造的专用机床，一般只能对一种（或一组）工件进行加工，往往能在同一台机床上对工件实行多面、多孔和多工位加工，加工工序可高度集中，具有很高的生产率。由于这台机床的主要零部件已通用化和已批量生产，因此，组合机床具有设计、制造周期短，投资省的优点，是箱体类零件和杂体类零件大批量生产实现单机自动化的最主要手段。

3. 采用专用机床实现单机自动化

专用机床是为生产专有零件而专门设计的自动化制造机床。专用机床的结构和部件一般都是专门设计和单独制造的，这类机床的设计、制造时

间往往较长，投资也较多，因此采用这类机床时，必须考虑以下基本原则。

（1）被加工的工件除具有大批量的特点外，还必须结构定型。

（2）工件的加工工艺必须是合理可靠的。在大多数情况下，需要进行必要的工艺试验，以保证专用机床所采用的加工艺先进可靠，所完成的工序加工精度稳定。

（3）采用一些新的结构方案时，必须进行结构性能试验，待取得较好的结果后，方能在机床上采用。

（4）必须进行技术经济分析。只有在技术经济分析认为效益明显后，才能采用专用机床实现单机自动化。

4. 通过改装通用自动化设备实现单机自动化

在一般机械制造厂中，为了充分发挥设备潜力，可以通过对通用机床进行局部改装，增加或配置自动上、下料装置和机床的自动工作循环系统等，实现单机自动化。由于对通用机床进行自动化改装要受被改装机床原始条件的限制，要按被加工工件的被加工精度和加工工艺要求来确定改装的内容，而且各种不同类型和用途的机床具有各不相同的技术性能和结构，被加工工件的工艺要求也各不相同，所以改装涉及的问题比较复杂，必须有选择地进行改装。总的来说，机床改装的投资少，见效快，能充分发挥现有设备的潜力，是实现单机自动化的重要途径。

（二）单机自动化方案

在机械制造业的工厂中，拥有大量的、各种各样的通用机床。为了提高劳动生产率，减轻工人的劳动强度，对这类机床进行自动化改装，以实现工序自动化，或用以联成自动线，是进行技术改造、挖掘现有设备潜力的途径之一。自动化机床的“自动”主要体现在自动化机床的加工循环自动化、装卸工件自动化、刀具自动化和检测自动化四个方面，其自动化大大减少了空程辅助时间，降低了工人的劳动强度，提高了产品质量和劳动生产率。

1. 加工过程运动循环自动化

加工过程运动循环是指在工件的一个工序的加工过程中，机床刀具和工件相对运动的循环过程。切削加工过程中，刀具相对于工件的运动轨迹和工作位置决定被加工零件的形状和尺寸，实现了机床运动循环自动化，切削加工过程就可以自动进行。

自动循环可以通过机械传动、液压传动和气动-液压传动方法实现。对于比较复杂的加工循环，一般采用继电器程序控制器控制其动作，采用挡块或各种传感器控制其运动行程。

（1）机械传动系统运动循环自动化

在机械传动系统中，运动的接通和停止有三种方式，分别是凸轮控制、挡块—杠杆控制、挡块—开关—离合器控制。三种控制方式的原理及优缺点如下。① 凸轮控制。其控制原理是在分配轴上安装不同形状的凸轮，通过操纵杠杆或行程开关控制各执行机构。主要适于大批量生产中的单一零件加工，受机床结构影响较大，应用较多。② 挡块-杠杆控制。其控制原理是运动部件上的挡块碰撞杠杆操纵离合器或运动部件。其特点是控制简单，受机床结构影响较大，操纵系统磨损大，应用较少。③ 挡块—开关—离合器控制。其控制原理是运动部件上的挡块压下行程开关，通过电磁铁、气缸或液压缸操纵离合器或运动部件。其特点是机械结构较简单，容易改变程序，但控制系统比较复杂，应用较多。

（2）气动和液压传动的自动循环

由于气动和液压传动的机械结构简单，容易实现自动循环，动力部件和控制元件的安装都不会有很大困难，故应用较广泛。

在机床改装中，还经常采用气动-液压传动，即用压缩空气作动力，用液压系统中的阻尼作用使运动平稳和便于调速。动力气缸与阻尼液压缸有串联和并联两种形式。

实现气动和液压自动工作循环的方法相同，都是通过方向阀来控制。

液压传动系统中，运动的接通和切断靠换向阀控制，可以切断液压源或用固定挡块来使运动停止。前者一般用三位四通阀控制；后者可用三位四通阀，也可用二位四通阀。气动传动系统与此类似，但因气体有可压缩性，用切断动力源的方法停止运动时，工作不准确，一般都用固定挡块定位。

（3）车床加工循环自动化实例

对于车床而言，一个简单自动循环包括：① 刀架横向进刀；② 刀架纵向进给；③ 刀架横向退出；④ 刀架快速回程；⑤ 自动停止。加工循环依据不同的机床和加工特征而包含不同的动作。自动循环可以通过机械传动、

液压传动和气动-液压传动等方法实现。对于比较复杂的加工循环，一般采用继电器程序控制器控制其动作，采用挡块或各种传感器控制其运动行程。

1）加工循环的实现

车床的溜板一般都由进给箱通过光杠或丝杠传动实现自动纵向进给，只要添置溜板快速回程装置和刀架横向进、退刀机构，即可实现其加工循环。溜板的快速回程可以用单独的快速电动机传动光杠来实现。

2）横向进、退刀的实现

有两种方案：一种是使横向丝杠作少量轴向移动，带动整个横溜板作进退运动；另一种是设计能使车刀横向进退的专用刀夹以代替方刀架。前一种方案较适合于普通车床的自动化改装，后一种方案常用作车螺纹时的自动进刀机构，车刀向前复位多用手工操作，在这种机构中，刀具的夹持刚度不如前一种方案。

2. 装卸工件自动化

自动装卸工件装置是自动机床不可缺少的辅助装置。机床实现了加工循环自动化之后，还只是半自动机床，在半自动机床上配备自动装卸工件装置后，由于能够自动完成装卸工作，因而自动加工循环可以连续进行，即成为自动机床。自动装卸工件装置通常称自动上料装置，它所完成的工作包括将工件自动安装到机床夹具上，以及加工完成后从夹具中卸下工件。其中的重要部分在于自动上料过程采用的各种机构和装备，而卸料机构在结构上比较简单，在工作原理上与上料机构有若干共同之处。

根据工作特点和自动化程度的不同，单件毛坯自动上料装置有料仓式上料装置和料斗式上料装置两种形式。

料仓式上料装置是一种半自动的上料装置，不能使工件自动定向，需要由工人定时将一批工件按照一定的方向和位置，顺序排列在料仓中，然后由送料机构将工件逐个送到机床夹具中去。

料斗式上料装置由于能够实现工件的自动定向，因而能进一步减轻工人的体力劳动，便于多机床管理。这种自动定向的料斗多适用于工件外形比较简单、体积和质量都比较小，而且生产节拍短、要求频繁上料的场合。料仓式上料装置虽然需要工人周期性地将工件按规定的方向和顺序进行装料，但结构比较简单，工作可靠性较强，适用于工件外形较复杂、尺寸和质量较大以及加工周期比较长的情况。

近年来，在各种类型的自动化机床上，广泛应用了机械手来实现装卸工件自动化。这里所说的机械手，就是一种能实现较为复杂的动作循环的上、下料装置，它从料仓或输料槽中抓取工件，直接送入机床夹具；当工件加工完成后，也能从夹具中把工件卸到固定的地点。

3. 自动换刀装置

在自动化加工中，要减少换刀时间，提高生产率，实现加工过程中的换刀自动化，就需要刀架转位自动化，自动转位刀架应当有较高的重复定位精度和刚性，应便于控制。

刀架的转位可以由刀架的退刀（回程）运动带动，也可以由单独的电动机、气缸、液压缸等带动。由退刀运动带动的转位，不需单独的驱动源，而用挡块和杠杆操纵。

三、数控机床

（一）数控机床的组成

数控机床主要由数控装置、进给伺服系统、主轴伺服系统以及反馈装置等部分组成。进给伺服系统包括进给驱动单元、进给电动机和位置检测装置。主轴伺服系统包括主轴驱动单元、主轴电动机和主轴准停装置等。

1. 数控程序

数控程序是数控机床自动加工零件的工作指令，是在零件工艺分析的基础上编制出的描述机床加工过程的程序，是由文字、数字和符号等按一定的规则和格式组成的代码。数控程序可由手工编程或计算机自动编程获得。早期数控程序的载体是程序单或穿孔纸带，现代程序的载体多为电子文档，故程序的载体可以是存储卡、计算机、磁盘等，采用哪一种存储介质取决于数控装置的设计。

2. 数控装置

数控装置是数控机床的核心部件，现代数控机床都采用计算机数控装置。它包括微型计算机的电路、各种接口电路、CRT 显示器、键盘等硬件以及相应的软件。数控装置能完成信息的输入、存储、变换、插补运算以及实现各种控制功能。

3. 伺服系统及位置检测装置

伺服系统主要由伺服驱动电机、驱动控制系统和位置检测和反馈装置

等组成，它是数控系统的执行部分。数控机床上进给系统由机床上的执行部件和机械传动部件组成，进给系统接收数控装置发来的速度和位移指令信息，然后控制执行部件的进给速度、方向和位移量。每个进给运动的执行部件都配有一套伺服系统。通常我们将伺服系统分为三类，分别是开环、闭环和半闭环。

一般闭环和半闭环伺服系统中，还配备有位置测量装置，直接或间接地测量执行部件的实际位移量。

4. 机床本体及机械部件

数控机床的机床本体与传统机床相近，由主轴传动装置、进给传动装置、床身、工作台以及辅助运动装置、液压气动系统、润滑系统、冷却装置等组成。

（二）数控机床的加工过程

（1）首先分析零件加工图样，确定实际可行的加工方案、工艺参数和位移数据。（2）编写零件的加工程序，常采用的编程方法有手动编程和计算机辅助编程，最后生成零件的加工程序文件。（3）程序的输入，可以直接在操作面板上手工输入，也可以用辅助软件生成相应的程序通过存储卡或计算机的单行通信接口直接传输到数控机床的数控装置。（4）校核输入数据装置加工程序。（5）操作机床完成对零件的加工。

（三）计算机集成制造系统

1. 定义

目前，计算机集成制造系统（Computer Integrated Manufacturing System, CIMS）还没有一个完善的、被普遍接受的定义。1976 年美国的 Hatvany 教授给出的定义是：CIMS 是通过成组技术和数据管理系统将 CAD、CAM 和生产计划、管理集成在一起的系统。CIMS 是生产产品全过程的各自动化子系统的完美集成，是把工程设计、生产制造、市场分析和其他支持功能合理组织起来的计算机集成系统。还有学者认为：CIMS 是把孤立的局部自动化子系统在新的模式下通过计算机及其软件灵活而有机综合起来的一个完整系统等。在众多的观点中，下列两点是人们一致公认的。

CIMS 在功能上包含了一个工厂的全部生产经营活动：市场预测→产品

设计→加工制造→管理→售后服务。CIMS 比传统的工厂自动化的范围大得多，是一个复杂的大系统。

CIMS 模式是有机的集成，它不是工厂各个环节的计算机化或自动化的简单叠加，并且这样的集成不仅仅是物质、设备的集成，更主要的是技术集成，甚至于人的集成。

2. CIMS 的组成

（1）工程设计系统

主要包括计算机辅助工程分析、计算机辅助设计、成组技术、计算机辅助工艺过程设计和计算机辅助制造等。

（2）经营管理系统

主要包括管理信息系统、制造资源计划、生产管理、质量控制、财务管理、经营计划管理和人力资源管理。

（3）加工制造系统

主要包括 FMS 柔性制造系统、FMC 柔性制造单元、CNC 数控机床、可编程控制器 PLC、机器人控制器（Robot Controller，RC）、自动测试（Computer Automated Testing，CAT）和物流系统等。

四、加工中心

加工中心是为适应现代制造业发展需要而迅速发展起来的一种自动换刀数控机床。它将数控铣床、数控镗床、数控钻床等的多种功能集于一台加工设备上，具有刀库和自动换刀装置，可在一次安装工件后，按不同的加工工序要求自动选择和更换刀具，自动改变机床主轴转速、进给量和刀具相对工件的运动轨迹及其他辅助功能，依次完成多面和多工序的加工。

加工中心是目前世界上产量最高、应用最广泛的数控机床，主要用于箱体类和复杂曲面零件的加工，可在一次工件装夹中，完成铣平面、铣沟槽、镗孔、钻孔、倒角、攻丝等加工，自动完成或接近完成工件各表面所有工序的加工。加工中心不仅减少了工件的装夹次数，从而减少了工件的装夹时间、测量和调整时间，也减少了工件等待、搬运时间，因此大大提高了机床的自动化程度、机床利用率和加工效率，提高了工件的加工精度。

（一）加工中心的概念和特征

加工中心是一种具有刀库和自动换刀装置，能按预定程序自动更换刀

具，对工件进行多工序加工的高效数控机床。与普通数控机床相比，加工中心具有以下特征。(1) 加工中心是在数控机床的基础上增加了刀库和自动换刀装置，使工件在一次装夹后，可以自动地、连续地完成对工件表面的多工序加工，工序高度集中。(2) 加工中心一般带有自动分度回转工作台或主轴箱，可自动转动角度，从而使工件在一次装夹后，自动地完成多个表面或多个角度位置的多工序加工。(3) 加工中心能在程序的控制下自动改变机床的主轴转速、进给量和刀具相对工件的运动轨迹及其他辅助功能。(4) 加工中心如果带有交换工作台，一个工件在工作位置的工作台上进行加工的同时，另外的工件可在不停止机床加工的情况下在装卸位置的工作台上进行装卸。(5) 加工中心的利用率达到普通数控机床的3～4倍甚至更高，大大提高了劳动生产率，同时避免了由于工件多次定位所产生的累积误差，提高了零件的加工精度。

(二) 加工中心的组成

从本质上讲，加工中心就是在普通数控机床组成的基础上增加了机床刀库和自动换刀装置。正是由于这样的变化，引起了加工中心与普通数控机床在结构及外形上的明显差别。因此，通常认为，加工中心由基础部件、主轴部件、数控系统、伺服系统、自动换刀系统、辅助装置及自动托盘交换系统组成。

1. 基础部件

基础部件是加工中心的基础结构，由床身、立柱和工作台等组成，它用来承受加工中心的静载荷及在加工过程中产生的切削负载，必须具有足够的静态和动态刚度，通常是加工中心中体积和质量最大的部件。

2. 主轴部件

主轴部件由主轴、主轴电动机、主轴箱和主轴轴承等零件组成。主轴的启动与停止、正反转以及转速均由数控系统控制，并且通过安装在主轴上的刀具进行切削。主轴部件是切削加工的功率输出部件，是影响加工中心性能的关键部件。

3. 数控系统

加工中心的数控系统由CNC装置、可编程控制器组成。与普通数控机床相比，它不仅是加工中心执行顺序控制动作和控制加工过程的中心，同时，刀库和换刀动作也由它来控制。

4. 伺服系统

伺服系统将数控装置传来的电信号转换为机床移动部件的运动，通常由伺服驱动装置、检测装置等组成，其性能是决定机床加工精度、表面质量和生产效率的主要因素之一。加工中心普遍采用闭环、半闭环的多路反馈控制方式。

5. 自动换刀系统

自动换刀系统通常由机床刀库和换刀机械手组成。当需要换刀时，数控系统发出指令，由机械手将指定刀具从刀库中取出并装入主轴孔。常见的机床刀库有盘式、转塔式和链式等多种形式，容量从几十把到上百把不等。换刀机械手根据刀库与主轴之间的相对位置及结构的不同有单臂式、双臂式、回转式和轨道式等形式。有的加工中心不用机械手而直接利用主轴或刀库的移动实现换刀。

双臂式换刀机械手是目前应用最多的换刀机械手，其一端从机床刀库中取出将要使用的刀具，另一端从机床主轴上取下已经用过的刀具，机械手旋转将两把刀互换位置，一端将用过的刀具放回机床刀库，另一端将要使用的刀具装入机床主轴孔内，这样既可缩短换刀的时间又有利于机械手保持平衡。常用的双臂式换刀机械手的结构形式有勾手、伸缩手、抱手和叉手。

6. 辅助装置

辅助装置包括润滑、冷却、排屑、液压、气动等部分。辅助装置虽然不直接参与切削运动，但对加工中心的加工效率、加工精度和可靠性起到保障作用，因此也是加工中心不可缺少的部分。

7. 自动托盘交换系统

为了进一步缩短非加工时间，有的加工中心配有两个自动交换工件的托盘，一个安装在工作台上加工，另一个则位于工作台外进行工件装卸。当一个工件完成加工后，两个托盘位置自动交换，进行下一个工件的加工，这样可减少辅助时间，提高生产效率。

（三）加工中心的分类

加工中心根据其结构和功能的不同，可以有不同的分类方式。按照主

轴特征，加工中心通常分为卧式加工中心、立式加工中心、复合加工中心和多工作台加工中心。

1. 卧式加工中心

卧式加工中心是指主轴轴线水平设置的加工中心。一般它具有3～5个运动坐标，即具有3～5个自由度。卧式加工中心有多种形式，最常见的有固定立柱式和固定工作台式。固定立柱式的卧式加工中心的立柱不动，其主轴箱在立柱的导轨上移动，而工作台可在两个水平坐标方向上移动；固定工作台式的卧式加工中心的三个坐标方向的运动均由立柱和主轴箱的移动来定位，安装工件的工作台是固定不移动的。与立式加工中心相比，卧式加工中心结构复杂、占地面积大、价格高。

2. 立式加工中心

立式加工中心是指主轴的轴线为垂直设置的加工中心，其结构多为固定立柱式，工作台为十字滑台，适合加工盘类零件，能完成铣削、镗削、钻削、攻螺纹和切削螺纹等工序。立式加工中心一般具有三个直线运动坐标轴，且最少是三轴二联动，一般也可实现三轴三联动，并可在工作台上安置一个水平轴的数控转台来加工螺旋线类零件。立式加工中心结构简单，占地面积小，价格低，配备各种附件后，可完成大部分工件的加工。

3. 复合加工中心

复合加工中心也称多面加工中心或多坐标加工中心，是指工件一次装夹后，能完成多个面的加工设备。与三坐标数控机床相比，它多了一个可做圆周进给运动的数控回转工作台和一个数控主轴摆头，从而使机床除了可沿X、Y、Z三个坐标轴做直线移动外，还多了一个绕Z轴的转动和一个绕Y轴的摆动。主轴摆头的作用是使刀具在加工过程中摆动一定角度，避免刀具与工件产生干涉，或者使刀具轴线处于合适的位置，以改善切削条件，提高生产率，保证被加工零件的加工质量。

4. 多工作台加工中心

多工作台加工中心有时称为柔性加工单元（FMC）。它有两个以上可更换的工作台，通过运送轨道可把加工完的工件连同工作台（托盘）一起移出加工部位，然后把装有待加工工件的工作台（托盘）送到加工部位，这种可交换的工作台可设置多个，实现多工作台加工。其优点是可实现在线装夹，即在进行加工的同时，下边的工作台进行装、卸工件，另外可在其他工作台上都装上待加工的工件，开动机床后，能完成对这一批工件的自动加工，工作台上的工件可以是相同的，也可以是不同的。这都可由程序进行处理。多工作台加工中心有立式的，也有卧式的。无论是立式还是卧式，其结构都较复杂，刀库容量较大。机床占地面积大，控制系统功能较全，计算速度快，内存容量大。采用的都是最先进的 CNC 系统，所以价格昂贵。

五、机械加工自动线

机械加工自动化生产线（简称自动线）是一组用运输机构联系起来的由多台自动机床（或工位）、工件存放装置以及统一自动控制装置等组成的自动加工机器系统。

（一）自动线的特征

自动线能减轻工人的劳动强度，并大大提高劳动生产率，减少设备布置面积，缩短生产周期，缩减辅助运输工具，减少非生产性的工作量，建立严格的工作节奏，保证产品质量，加速流动资金的周转和降低产品成本。自动线的加工对象通常是固定不变的，或在较小的范围内变化，而且在改变加工品种时要花费许多时间进行人工调整。另外，其初始投资较多。因此，自动线只适用于大批量的生产场合。

自动线是在流水线的基础上发展起来的，它具有较高的自动化程度和统一的自动控制系统，并具有比流水线更为严格的生产节奏性等。在自动线的工作过程中，工件以一定的生产节拍，按照工艺顺序自动地经过各个工位，在不需工人直接参与的情况下，自行完成预定的工艺过程，最后成为合乎设计要求的制品。

（二）自动线的组成

自动线通常由工艺设备、质量检查装置、控制和监视系统、检测系统以及各种辅助设备等所组成。由于工件的具体情况、工艺要求、工艺过程、生产率要求和自动化程度等因素的差异，自动线的结构及其复杂程度常常有很大的差别。但是其基本部分大致是相同的。

（三）自动线的类型

自动线的类型可从以下三方面分类。

1. 按工件外形和切削加工过程中工件运动状态分类

旋转体工件加工自动线这类自动线由自动化通用机床、自动化改装的通用机床或专用机床组成，用于加工轴、盘及环类工件，在切削加工过程中工件旋转。这类自动线完成的典型工艺是：车外圆、车内孔、车槽、车螺纹、磨外圆、磨内孔、磨端面、磨槽等。

箱体、杂类工件加工自动线这类自动线由组合机床或专用机床组成，在切削过程中工件固定不动，可以对工件进行多刀、多轴、多面加工。这类自动线完成的典型工艺是：钻孔、扩孔、铰孔、镗孔、铣平面、铣槽、车端面、套车短外圆、加工内外螺纹以及径向切槽等。随着技术的发展，车削、磨削、拉削、仿形加工、珩磨、研磨等工序也纳入了组合机床自动线。

2. 按所用的工艺设备类型分类

（1）通用机床自动线

这类自动线多数是在流水线基础上，利用现有的通用机床进行自动化改装后连接而成。其建线周期短、制造成本低、收效快，一般多用于加工盘类、环类、轴、套、齿轮等中小尺寸、较简单的工件。

（2）专用机床自动线

这类自动线所采用的工艺设备以专用自动机床为主。专用自动机床由于是针对某一种（或某一组）产品零件的某一工序而设计制造的，因而其建线费用较高。这类自动线主要针对结构比较稳定、生产纲领比较大的产品。

（3）组合机床自动线

用组合机床连成的自动线，在大批量生产中日益得到普遍的应用。由于组合机床本身具有一系列优点，特别是与一般专用机床相比，其设计周期短，制造成本低，而且已经在生产中积累了较丰富的实践经验，因此组合机床自动线能收到较好的使用效果和经济效益。这类自动线在目前大多用于箱体、杂类工件的钻、扩、铰、镗、攻螺纹和铣削等工序。

3. 按设备连接方式分类

（1）刚性连接的自动线

在这类自动线中没有贮料装置，机床按照工艺顺序依次排列，工件由输送装置从一个工位传送到下一工位，直到加工完毕。其工件的加工和输送过程具有严格的节奏性，当一个工位出现故障时，会引起全线停车。因此，这种自动线采用的机床和辅助设备都要具有良好的稳定性和可靠性。

（2）柔性连接的自动线

在这类自动线中设有必要的贮料装置，可以在每台机床之间或相隔若干工位设置贮料装置，贮备一定数量的工件，当一台机床（或一段）因故障停车时，其上下工位（或工段）的机床在一定时间内可以继续工作。

（四）自动线的控制系统

自动线为了按严格的工艺顺序自动完成加工过程，除了各台机床按照各自的工序内容自动地完成加工循环以外，还需要有输送、排屑、储料、转位等辅助设备和装置配合并协调地工作，这些自动机床和辅助设备依靠控制系统连成一个有机的整体，以完成预定的连续的自动工作循环。自动线的可靠性在很大程度上取决于控制系统的完善程度和可靠性。

自动线的控制系统可分为三种基本类型：行程控制系统、集中控制系统和混合控制系统。

行程控制系统没有统一发出信号的主令控制装置，每一运动部件或机构在完成预定的动作后发出执行信号，启动下一个（或一组）运动部件或机构，如此连续下去直到完成自动线的工作循环。由于控制信号一般是利用触点式或无触点式行程开关，在执行机构完成预定的行程量或到达预定位置后发出，因而称为行程控制系统。行程控制系统实现起来比较简单，电气控制元件的通用性强，成本较低。在自动循环过程中，若前一动作没有完成，后一动作就得不到启动信号，因而控制系统本身具有一定的互锁性。但是，当顺序动作的部件或机构较多时，行程控制系统不利于缩短自动线的工作节拍；同时，控制线路电器元件增多，接线和安装会变得复杂。

集中控制系统由统一的主令控制器发出各运动部件和机构顺序工作的控制信号。一般主令控制器的结构原理是在连续或间歇回转的分配轴上安装若干凸轮，按调整好的顺序依次作用在行程开关或液压（或气动）阀上；

或在分配圆盘上安装电刷，依次接通电触点以发出控制信号。分配轴每转动一周，自动线就完成一个工作循环。因为集中控制系统是按预定的时间间隔发出控制信号的，所以也称为“时间控制系统”。集中控制系统电气线路简单，所用控制元件较少，但其没有行程控制系统那样严格的连锁性，后一机构按一定时间得到启动信号，与前一机构是否已完成了预定的工作无关，可靠性较差。集中控制系统适用于比较简单的自动线，在要求互锁的环节上，应设置必要的连锁保护机构。

混合控制系统综合了行程控制系统和集中控制系统的优点，根据自动线的具体情况，将某些要求连锁的部件或机构用行程控制，以保证安全可靠，其余无连锁关系的动作则按时间控制，以简化控制系统。混合控制系统大多在通用机床自动线和专用（非组合）机床自动线中应用。

六、柔性制造单元

柔性制造单元（FMC）是在制造单元的基础上发展起来的。它在加工中心的基础上增加了托盘自动交换装置；刀具和工件的自动测量装置；加工过程的监控功能（如自适应功能、刀具破损监控功能等）。因此 FMC 具有独立加工的能力，部分具有自动传送和监控管理的功能，可实现某些零件的多品种小批量加工。FMC 投资少、效率高，技术上容易实现，因此深受用户欢迎，得到了广泛的应用和发展。

FMC 的主要特点如下。(1) 同步加工。在单元计算机的控制下，可在不同或同一机床上进行不同零件的加工。(2) 扩展性好。在单元计算机的控制下，可组成柔性制造系统并进行通信。(3) 在机床加工过程中可自动进行刀具的更换，以及多工位托盘的自动更换，工件的加工时间与装卸时间重叠，比加工中心更进一步缩短辅助时间，提高生产效率。(4) 在机床加工过程中实现加工过程监控。(5) 相对于 FMS 来说投资规模小，实现周期短，产生经济效益快，这对投资能力有限的中小企业来说具有很实际的意义。

柔性制造单元的构成一般为两大类：一类是加工中心配托盘自动交换系统（APC）；另一类是数控机床配工业机器人。

（一）加工中心配托盘自动交换系统的 FMC

加工中心配托盘自动交换系统的 FMC 以托盘交换系统为特征，一般具备5个以上的托盘，组成环形回转式托盘库。

托盘支承在圆柱环形导轨上，由内侧的环链拖动而回转，链轮由电动机驱动。托盘的选定和停位，是由可编程序控制器（PLC）进行控制、借助终端开关、光电识码来实现的。一般认为，只有具备5个以上的托盘，才能称为FMC。这种托盘系统具有存储、运送功能，还具有自动检测功能、工件和刀具的归类功能、切削状态监视功能等。由这种FMC，实现连续24h自动加工是非常有效的。托盘的交换是由设在环形交换系统中的液压或电动拖拉机构来实现。这种交换首先指的是在加工中心上加工的托盘与托盘系统中备用的托盘交换。如果在托盘系统的另一端，再设置一个托具工作站，则这种托盘系统可以通过托具工作站与其他系统发生联系，若干个FMC通过这种方式，可以组成一条FMS线。

（二）数控机床配工业机器人的FMC

这种FMC的构成核心包括若干（2～5）台CNC机床以圆周的方式环绕一个单台机器人排列。在单元中，机器人搬运所有的零件并在机床上装卸零件。在各种工序之间的管理和协调由单元计算机来完成。FMC在24 h内连续运转，只是日班需要工人参与。日班要准备好计算机编程、生产计划和日程进度计划、热处理以及在托板上安装零件等工作。

七、柔性制造系统

柔性制造系统是由计算机集中控制和管理，由数控机床和自动物料传输装置相结合，可自主地同时完成多品种、中小批量生产任务的制造系统。

它主要由3个系统组成：多工位的数控加工系统；自动化的物料输送和存储系统；计算机控制信息系统。

柔性制造系统实际上是在成组技术、数控技术、物流技术、计算机技术和自动检测与控制技术迅速发展的基础上产生的综合技术产物，它具有如下功能。（1）以成组技术为核心的对零件分析编组的功能。（2）以计算机编排作业计划的智能功能。（3）以数控机床、加工中心为核心，自动换刀、自动交换工件的加工功能。（4）以托盘和运输系统为核心的工件存放和自动运输功能。（5）以各种自动检测装置为核心的自动测量、定位和监控功能。

该系统由以下几部分组成。(1) 中央管理和控制计算机。它接受工厂主计算机的指令，对整个 FMS 实行监控，对每一台数控机床或制造单元实行控制，对夹具、工具等实现集中管理和控制。(2) 物流控制装置。对自动化仓库、无人输送台车、加工毛坯和成品、加工用的夹具等实现集中管理和控制。(3) 自动化仓库。将毛坯、半成品或成品等进行自动调用或储存。(4) 无人输送台车。行走于 FMS 基本单元之间用于输送工件、刀具等，可以是无轨的或是有轨的。(5) 制造单元。即数控机床及工业机器人。(6) 中央刀具库。刀具的集中存储区。(7) 夹具站。及时实现对夹具的调整和维护。(8) 信息传输网络。即 FMS 的信息系统。(9) 缓冲工作站。实现从无人台车到制造单元之间传送的缓冲功能。

FMS 是个较复杂的大系统，一般应采用递阶结构来进行控制和管理。

八、自动线的辅助设备

在自动化制造过程中，为了提高自动线的生产效率和零件的加工质量，除了采用高柔性、高精度及高可靠性的加工设备和先进的制造工艺外，零件的运储、翻转、清洗、去毛刺及切屑和切削液的处理也是不可缺少的工序。零件在检验、存储和装配前必须要清洗及去毛刺；切屑必须随时被排除、运走并回收利用；切削液的回收、净化和再利用，可以减少污染，保护工作环境。有些自动化制造系统集成有清洗站和去毛刺设备，可实现清洗及去毛刺自动化。

(一) 清洗站

清洗站有许多种类、规格和结构，一般按其工作是否连续分为间歇式(批处理式)和连续通过式(流水线式)。批处理式清洗站用于清洗质量和体积较大的零件，属中小批量清洗；流水线式清洗站用于零件通过量大的场合。

清洗机可以说是污物、杂渣收集器。筛网和折流板用于过滤金属粉末、杂渣、油泥和其他杂质，必须定期对其进行清洗。油泥输送装置通过一个斜坡将废物送入油泥沉淀箱，沉淀后清除废物，液体流回中央存储箱。存储箱的定时清理非常重要，购买清洗设备时，必须考虑中央存储箱的检修和便于清洗。

（二）去毛刺设备

以前去毛刺一直是由手工进行的，是重复的、繁重的体力劳动。最近几年出现了多种去毛刺的新方法，可以减轻人的体力劳动，实现去毛刺自动化。最常用的方法有机械法、振动法、喷射法、热能法、电化学法等。

1. 机械法去毛刺

机械法去毛刺包括在 AMS 中使用工业机器人，机器人手持钢丝刷、砂轮或油石打磨毛刺。打磨工具安放在工具存储架上，根据不同零件和去毛刺的需要，机器人可自动更换打磨工具。

2. 振动法去毛刺

振动法去毛刺机适用于清除小型回转体或棱体零件的毛刺。零件分批装入一个筒状的大容器罐内，用陶瓷卵石作为介质，卵石大小因零件类型、尺寸和材料而异。盛有零件的容器罐快速往复振动，在陶瓷介质中搅拌零件，以去毛刺和氧化皮。振动强烈程度可以改变，猛烈地搅拌用于恶劣型毛刺，柔缓地搅拌用于精密零件的打磨和研磨。

振动法去毛刺包括回转滚筒法、振动滚筒法、离心滚筒法、涡流滚筒法、旋磨滚筒法、往复槽式法、磨料流动槽式法、摇动滚筒法、液压振动滚筒法、磨料流去毛刺法、电流变液去毛刺法、磁流变液去毛刺法、磁力去毛刺法等，这些方法原理上也属于机械去毛刺的范畴。

3. 喷射法去毛刺

喷射法去毛刺是利用一定的压力和速度将去毛刺介质喷向零件，以达到除毛刺的效果。喷射法去毛刺包括水平喷射去毛刺、喷丸去毛刺、抛丸去毛刺、气动磨料流去毛刺、液体珩磨去毛刺、浆液喷射去毛刺、低温喷射去毛刺等。严格来讲，喷射法去毛刺也属于机械去毛刺的范畴。

4. 热能法去毛刺

热能法去毛刺是利用高温除毛刺和飞边。将需去毛刺的零件放在坚固的密封室内，然后送入一定量的、经充分混合的、具有一定压力的氢气和氧气，经火花塞点火后，混合气体瞬时爆炸，放出大量的热，瞬时温度高达 3 300 ℃以上，毛刺或飞边燃烧成火焰，立刻被氧化并转化为粉末，前后经历时间大约 25～30 s，然后用溶剂清洗零件。热能法去毛刺最大的好处是能够完成所有部位毛刺的清除。

5. 电化学法去毛刺

电化学法去毛刺是通过电化学反应将工件上的材料溶解到电解液中，对工件去毛刺或成形。与工件型腔形状相同的电极工具作为负极，工件作为正极，直流电流通过电解液。电极工具进入工件时，工件材料超前电极工具被溶解。电化学法去毛刺是通过调节电流来控制去毛刺和倒棱，材料去除率与电流大小有关。电化学法去毛刺最大的优点是电极工具不接触工件且不会产生热量，但电化学法较为缓慢。

（三）工件输送装置

工件输送装置是自动线中最重要的辅助设备，它将被加工工件从一个工位传送到下一个工位，为保证自动线按生产节拍连续地工作提供条件，并从结构上把自动线的各台自动机床联系成为一个整体。

工件输送装置的形式与自动线工艺设备的类型和布局、被加工工件的结构和尺寸特性以及自动线工艺过程的特性等因素有关，因而其结构形式也是多样的。在加工某些小型旋转体零件（例如盘状、环状零件、圆柱滚子、活塞销、齿轮等）的自动线中，常采用输料槽作为基本输送装置。输料槽有利用工件自重输送和强制输送两种形式。自重输送的输料槽又称滚道，它不需要其他动力源和特殊装置，因而结构简单。对于小型旋转体工件，大多采用以自重滚送的办法实现自动输送。对于体积较大和形状复杂的零件，可以采用各种输送机械。

（四）自动线上的夹具

自动线上所采用的夹具，可归纳为两种类型，即固定式夹具与随行式夹具。

固定式夹具即附属于每一加工工位，不随工件输送而移动的夹具，固定安装于机床的某一部件上，或安装于专用的夹具底座上。这类夹具也分为两种类型：一种是用于钻、镗、铣、攻螺纹等加工的夹具，在加工过程中固定不动；另一种是工件和夹具在加工时尚需做旋转运动。前者多用于箱体、壳体、盖、板等类型的零件加工或组合机床自动线中，后者多用于旋转体零件的车、磨、齿形加工等自动线中。

随行式夹具为随工件一起输送的夹具，适用于缺少可靠的输送基面、在组合机床自动线上较难用输送带直接输送的工件。此外，对于有色金属工件，如果在自动线中直接输送时其基面容易磨损，也须采用随行夹具。

（五）转位装置

在加工过程中，工件有时需要翻转或转位以改换加工面。在通用机床或专用机床自动线中加工中、小型工件时，其翻转或转位常常在输送过程或自动上料过程中完成。在组合机床自动线中，需设置专用的转位装置。这种装置可用于工件的转位，也可以用于随行夹具的转位。

（六）储料装置

为了使自动线能在各工序的节拍不平衡的情况下连续工作较长的时间，或者在某台机床更换调整刀具或发生故障而停歇时保证其他机床仍能正常工作，必须在自动线中设置必要的储料装置，以保持工序间（或工段间）具有一定的工件储备量。

储料装置通常可以布置在自动线的各个分段之间，也有布置在每台机床之间的。对于加工某些小型工件或加工周期较长的工件的自动线，工序间的储备量常建立在连接工序的输送设备（例如输料槽、提升机构及输送带）上。根据被加工工件的形状大小、输送方式及要求的储备量的大小不同，储料装置的结构形式也不相同。

（七）排屑装置

在切削加工自动线中，切屑源源不断地从工件上流出，如不及时排除，就会堵塞工作空间，使工作条件恶化，影响加工质量，甚至使自动线不能连续地工作。因此，将切屑从加工地点排出并将它收集起来远离自动线，是不容忽视的问题。

第二节　物料供输自动化

物流系统是机械制造系统的重要组成部分之一，它的作用是将制造系统中的物料技术输送到有关设备或仓库。设施处在物流系统中物料首先输入制造系统，然后由物料输送系统送至指定位置。物流系统的自动化是当

前制造工业的追求目标。

一、物料供输自动化概述

在制造业中，从原材料到产品出厂，机床作业时间仅占5%，工件处于等待和传输状态的时间则占95%。其中，物料传输与存储费用占整个产品加工费用的30%～40%，因此，物流系统的优化能够大大提高运转速率、降低生产成本、减轻库存积货以及提高综合经济效应。

（一）物流系统及其功用

物流是物料的流动过程：物流按其物料性质不同，可分为工件流、工具流和配套流三种。其中工件流由原材料、半成品、成品构成；工具流由刀具、夹具构成；配套流由托盘、辅助材料、备件等构成。

在自动化制造系统中，物流系统是指工件流、工具流和配套流的移动与存储，它主要完成物料的存储、输送、装卸、管理等功能。

1. 存储功能

在制造系统中，有许多物料处于等待状态，即不处在加工和使用状态，这些物料需要存储和缓存。

2. 输送功能

完成物料在各工作地点之间的传输，满足制造工艺过程和处理顺序的需求。

3. 装卸功能

实现加工设备及辅助设备上、下料的自动化，以提高劳动生产率。

4. 管理功能

物料在输送过程中是不断变化的，因此需要对物料进行有效的识别和管理。

（二）物流系统的组成及分类

（1）单机自动供料装置完成单机自动上、下料任务，由储料器、隔料器、上料器、输料槽、定位装置等组成。

（2）自动线输送系统完成自动线上的物料输送任务，由各种连续输送机、通用悬挂小车、有轨导向小车及随行夹具返回装置等组成。

(3) FMS 物流系统完成 FMS 物料的传输，由自动导向小车、积放式悬挂小车、积放式有轨导向小车、搬运机器人、自动化仓库等组成。

二、单机自动供料装置

（一）单机自动供料装置概述

加工设备或辅助设备的供料可采用两种不同的方式，一种是人工供料方式，另一种是自动供料设备。人工供料工作强度大、操作时间长，随着制造业自动化水平的不断提高，这种供料方式将逐渐被自动供料装置替代。自动供料装置一般由储料器、输料槽、定向定位装置和上料器组成，储料器可储存一定数量的工件，根据加工设备的需求自动输出工件，经输料槽和定向定位装置传送到指定位置，再由上料器将工件送入机床加工位置。储料器一般设计成料仓式或料斗式。料仓式储料器需人工将工件按一定方向摆放在仓内，料斗式储料器只需将工件倒入料斗，由料斗自动完成定向。料仓或料斗一般储存小型工件；对于较大的工件，可采用机械手或机器人来完成供料过程。

对供料装置的基本要求如下。(1) 供料时间尽可能少，以缩短辅助时间和提高生产率。(2) 供料装置结构尽可能简单，以保证供料稳定可靠。(3) 供料时避免大的冲击，防止供料装置损伤工件。(4) 供料装置要有一定的适用范围，以适应不同类型、不同尺寸工件的要求。(5) 能够满足一些工件的特殊要求。

（二）料仓、料斗及输料槽

1. 料仓的结构形式及拱形消除机构

由于工件的重量和形状尺寸变化较大，因此料仓的结构设计没有固定模式。一般将料仓分成自重式和外力作用式两种结构。拱形消除机构一般采用仓壁振动器。仓壁振动器使仓壁产生局部、高频微振动，可破坏工件间的摩擦力和工件与仓壁间的摩擦力，从而保证工件连续地由料仓中排出。仓壁振动器的振动频率一般为 1000～3000 次/min。当料仓中物料搭拱处的仓壁振幅达到 0.3 mm 时，即可达到破拱效果。在料仓中安装搅拌器也可消除拱形堵塞。

2. 料斗

料斗上料装置带有定向机构，工件在料斗中可自动完成定向。但并不是所有工件在送出料斗之前都能完成定向，这种没有完成定向的工件将在料斗出口处被分离，并返回料斗重新定向，或由二次定向机构再次定向。因此料斗的供料率会发生变化，为了保证正常生产，应使料斗的平均供料率大于机床的生产率。

3. 输料槽

根据工件的输送方式（靠自重或强制输送）和工件的形状，输料槽有许多种结构形式。一般靠工件自重输送的自流式输料槽结构简单，但可靠性较差；半自流式或强制运动式输料槽的可靠性高。有些外形复杂的工件不可能在料斗内一次定向完成，因此需要在料斗外的输料槽中实行二次定向。

4. 供料与隔料机构

供料与隔料机构功能是定时地把工件逐个输送到机床加工位置，为了简化机构，一般将供料与隔料机构设计成一体。此外，还有一种利用电磁振动使物料向前输送和定向的电磁振动料槽，它具有结构简单、供料速度快、适用范围广等特点。

三、自动线输送系统

自动化的物料输送系统是物流系统的重要组成部分。在制造系统中，自动线的输送系统起着人与工位、工位与工位、加工与存储、加工与装配之间的衔接作用，同时具备物料的暂存和缓冲功能。运用自动化输送系统如带式、滚筒式、链式、步伐式、悬挂输送系统和有轨导向小车及自动导向小车等设备，可以加快物料流动速度，使各工序之间的衔接更加紧密，从而提高生产效率。

（一）带式输送机

带式输送机是应用最广泛的输送机械，它是由一条封闭的输送带和承载构件连续输送物料的机械。其特点是工作平稳可靠，易实现自动化，可应用于工厂、仓库、车站、码头、矿山等场合。

基本工作原理：无端输送带绕过驱动滚筒和张紧滚筒，借助输送带与滚筒之间的摩擦力来带动输送带运动，利用输送带与滚筒之间的摩擦力来带动输送带运动，物料经装载装置被运送到输送带，输送带将物料运输至卸载处，最后通过卸载装置将物料卸载至储备间。

现在大型企业只要使用带式输送机，其特点是输送距离长、生产效率高、结构简单、费用低、操作灵活可控、运行平稳、易于操作、使用安全、容易实现自动控制等。

普通的带式输送机在结构上分为输送带、支撑装置、驱动装置、张紧装置、制动装置及改向装置等。

1. 输送带

输送带的作用是传递牵引力和承载物料，要求强度高、耐磨性好、挠性强、伸长率小。输送带按材质可分为橡胶带、塑料带、钢带、金属网带等，其中最常用是橡胶带；按用途分主要有强力型、普通型、轻型、井巷型、耐热型 5 种；此外还有花纹型、耐油型等。输送带两端可使用机械接头、冷粘接头和硫化接头连接。机械接头强度仅为带体强度的 35%～40%，应用日渐减少。冷粘接头强度可达带体强度的 70%左右，应用日趋增多。硫化接头强度能达带体强度的 85%～90%，接头寿命最长，输送带的宽度比成件物料宽度大 50～100 mm。

2. 支撑装置

支撑装置的作用是支撑输送带及带上的物料，减少输送带的下垂，使其能够稳定运行。

3. 驱动装置

驱动装置的功用是驱动输送带运动。驱动装置主要包括动力部分、传动部分（减速器和联轴器）和滚筒部分。普通带式输送机的驱动装置通过摩擦传递牵引力，动力部分多数采用电动机。对于通用固定式和功率较小的带式输送机，多采用单滚筒驱动，即电动机通过减速器和联轴器带动一个驱动滚筒运转。驱动滚筒通过与带接触表面产生的摩擦力带动输送带运行。传动装置多采用皮带、链条或齿轮传动，还可采用电动滚筒传动。为有效传递牵引力，输送带与驱动滚筒间必须有足够的摩擦力。驱动滚筒分光面和胶面两种，其中光面滚筒摩擦系数较小。在功率不大、环境湿度较小的情况下，宜采用光面滚筒；当环境潮湿、功率较大、容易打滑时，宜采用胶面滚筒。

4. 张紧装置

张紧装置的作用一是保证带有必要的张力，与滚筒有必要的摩擦力，避免打滑；二是限制带在各种支撑滚柱间的垂度，使其在允许的范围内。张紧装置的主要结构形式有小车重锤式、螺旋式和垂直重锤式三种。

5. 制动装置

在倾斜式的带式输送机中，为防止其停车时因物料重力作用而发生反向运动，需在驱动装置中设置制动装置。通常制动装置可分为滚柱逆制器、带式逆制器、电磁瓦块式和液压式电磁制动器。

6. 改向装置

此装置是用来改变输送方向的装置。在末端改向可采用改向滚筒；在中间改向可采用几个支撑滚柱或改向滚筒。

（二）链式输送机

链式输送机由链条、链轮、电动机、减速器、联轴器等组成。长距离输送的链式输送机还有张紧装置和链条支撑导轨。链条由驱动链轮牵引，链条下面有导轨，支撑着链节上的套筒辊子。货物直接压在链条上，随着链条的运动而向前移动。

输送链条多采用套筒滚子链。输送链与传动链相比，链条较长，质量大。一般将输送链的节距制成为普通传动链的 2 倍或 3 倍以上，这样可减少铰链个数，减小链条质量，提高输送性能。链轮齿数对输送链性能影响较大，齿数太少会使链条运行平稳性变差，而且冲击、振动、噪声、磨损加大。根据链条速度不同，最小链轮齿数可取 13～21 齿。链轮齿数过多会导致机构庞大，一般最多采用 120 齿。

链式输送系统中，物料一般通过链条上的附件（特殊链条）带动前进。附件可用链条上的零件扩展而成，同时还可以配置二级附件（如托架、料斗、运载机构等），用链条和托板组成的链板输送机也是一种广泛使用的连续输送机械。

（三）悬挂输送系统

悬挂输送系统适用于车间内成件物料的空中输送。悬挂输送系统节省空间，且更容易实现整个工艺流程的自动化。悬挂输送系统分为通用悬挂输送系统和积放式悬挂输送系统两种。悬挂输送机由牵引件、滑架小车、吊具、轨道、张紧装置、驱动装置、转向装置和安全装置等组成。

积放式悬挂输送系统与通用悬挂输送系统相比有下列区别：牵引件与滑架小车无固定连接，两者有各自的运行轨道；有岔道装置，滑架小车可以在有分支的输送线路上运行；设置停止器，滑架小车可在输送线路上的任意位置停车。

下面针对悬挂输送机的牵引件、滑架小车和转向装置作简单介绍。

1. 牵引件

牵引件根据单点承载能力来选择，单点承载能力在 100 kg 以上时采用可拆链，单点承载能力在 100 kg 及以下时采用双铰接链。

2. 滑架小车

装有物料的吊具挂在滑架小车上，牵引链牵动滑架小车沿轨道运行，将物料输送到指定的工作位置。滑架小车有许用承载重量，当物料重量超过这个值时，可设置两个或更多的滑架小车来悬挂物料。

3. 转向装置

通用悬挂输送机的转向装置由水平弯轨和支承牵引链的光轮、链轮或滚子排组成。转向装置结构形式的选用应视实际工况而定，一般最直接的方法是在转弯处设置链轮。当输送张力小于链条许用张力的 60%时，可用光轮代替链轮；当转弯半径超过 1 m 时，应考虑采用滚子排作为转向装置。

四、柔性物流系统

柔性物料储运系统由数控加工设备、物料储运装置和计算机控制系统等组成的自动化制造系统。它包括多个柔性制造单元，能根据制造任务或生产环境的变化迅速进行调整，适用于多品种、中小批量生产。

从硬件的形式上看，柔性物料储运系统由以下三部分组成。(1) 两台以上的数控机床或加工中心以及其他的加工设备，包括测量机、清洗机、动平衡机、各种特种加工设备等。(2) 一套能自动装卸的储运系统，包括刀具的储运和工件原材料的储运。具体结构可采用传送机、运输小车、搬运机器人、上下料托盘、交换工作站等。(3) 一套计算机控制系统。

(一) 柔性物料储运形式

柔性物料输送系统是为 FMS 服务的，它决定着 FMS 的布局和运行方

式。由于大部分的 FMS 工作站点多，输送线路长，输送的物料种类不同，物流系统的整体布局比较复杂。一般可以采用基本回路来组成 FMS 的输送系统。

1. 直线型储运形式

这种形式比较简单，在我国现有的 FMS 中较为常见。它适用于按照规定的顺序从一个工作站到下一个工作站的工件输送，输送设备做直线运动，在输送线两侧布置加工设备和装卸站。直线型输送形式的线内储存量小，常需配合中央仓库及缓冲站。

2. 环型储运形式

环型储运形式的加工设备、辅助设备等布置在封闭的环形输送线的内外侧。输送线上可采用各类连续输送机、输送小车、悬挂式输送机等设备。在环形输送线上，还可增加若干条支线，作为储存或改变输送线路用。故其线内储存量较大，可不设置中央仓库。环型储运形式便于实现随机存取，具有非常好的灵活性，所以应用范围较广。

3. 网络型储运形式

这种储运形式的输送设备通常采用自动导向小车。自动导向小车的导向线路埋设在地下，输送线路具有很大的柔性，故加工设备敞开性好，物料输送灵活，在中、小批量的产品或新产品试制阶段的 FMS 中应用越来越广。网络型储运形式的线内储存量小，一般需设置中央仓库和托盘自动交换器。

4. 以机器人为中心的储运形式

它是以搬运机器人为中心，加工设备布置在机器人搬运范围内的圆周上。一般机器人配置了夹持回转类零件的夹持器，因此它适用于加工各类回转类零件的 FMS 中。

（二）自动导向小车（AGV）系统

零件在系统内部的搬运所采用的运输工具，目前比较实用的主要有三种：传送带、搬运机器人和运输小车。传送带是从传统的机械式自动线发展而来的，在目前新设计的系统中应用越来越少。由于搬运机器人工作的灵活性强、具有视觉和触觉能力，以及工作精度高等一系列优点，近年来在 FMS 中的应用日趋增多。运输小车的结构变化发展得很快，形式多样，大体上可分为无轨和有轨两大类。有轨小车（RGV）有的采用地轨，像火车的轨道一样；有的采用高架轨道，即把运输小车吊在两条高架轨道上移动。无轨小车因其导向方法的不同而分为有线导向、磁性导向、激光导向和无线电遥控等多种形式。FMS 系统发展的初期，多采用有轨小车，随着 FMS 控制技术的成熟，越来越多地采用自动导向的无轨小车（AGV）。

1. AGV 的构成

FMS 中采用 AGV 系统能使系统布局设计具有最大的灵活性。AGV 系统由 AGV 和地面制导与管理系统两部分组成。AGV 也称无人小车，几十年来其技术日趋成熟，得到广泛应用。AGV 的主要组成部分包括车体、行走驱动机构、物料交换装置、安全防护装置、蓄电池、导向机构、控制系统。选用 AGV 时应考虑其最大载重量、最高行走速度、准停精度、制导方式等四项性能指标。

AGV 有平台车、叉车、牵引车三种基本类型，由于平台车结构紧凑、运行灵活，平台上能安装物料交换装置，因此其应用最广泛。

2. AGV 的制导

AGV 地面制导与管理系统包括：制导/定位系统，交通管理系统，调度操作设备，通信设备，辅助设备。

制导是 AGV 系统的核心技术。制导方式分固定线路、半固定线路和无固定线路三大类，各类中又有多种制导方法。最常用的有以下几种方法：

（1）电磁制导

沿 AGV 的运行路线，把电缆埋在离地表面几厘米深的沟中，当通以 3～10 kHz 电流时，安装在 AGV 上的耦合线圈就能检测出小车对路线的偏移，从而控制 AGV 的运行方向。这种方法具有电缆不易被损坏、工作可靠的优点，但铺设电缆工程量大，改变或扩充线路困难，线路附近不允许有磁性物质。实用化的 AGV 大多采用电磁制导。

（2）激光制导

沿着小车行走路线用激光束对 AGV 扫描，AGV 的激光检测器接收到激光后将其转变成制导信号，控制 AGV 的运行方向。在二维空间中布置激光器，控制其扫描就能引导 AGV 沿任意弯曲路线行走；在某一点定向发射激光，通过光传感器就能引导 AGV 沿固定的直线路径运行。激光制导对地面没有特殊要求，因此，如果受地面条件限制不能采用电磁制导或光反射制

导，则可以采用激光制导。

(3) 标记跟踪制导

在AGV运行的线路上贴些导向标记（或反射板、彩球等），通过安装在AGV上的电视摄像机识别这些标记、判定行进方向。

3. AGV的控制和保护

AGV在FMS中自动运行时，其作业过程由作业点呼叫、中央控制室调度、AGV行驶、物料交换等步骤构成。AGV控制是指AGV行驶控制和物料交换器控制。AGV控制系统由检测单元、控制单元、驱动单元组成。对简单的FMS，可以把AGV的运行程序预先存储到车载控制装置的微型计算机中，让AGV按照该程序自动运行。对比较复杂的FMS，为了提高AGV的运行效率，应让中央控制室与AGV进行信息交换。控制调度系统可采用无线电通信方式，借助地面通信控制装置和车载通信控制装置，实现中央控制室和AGV的通信控制。

AGV与某设备交换物料，必须准确地停靠到其作业地点。使AGV准停的方法有：在AGV停靠地点用定位销限位，可以使整台小车或只是车上的托盘准停；在AGV停靠地点布置导轨或在AGV上装导向杆，在准停地点安装引导装置而实现准停；采用里程表、编码器、接近开关、光电传感器等。在AGV上安装接触传感器或超声波安全保护装置，可保护AGV在行驶线路上不受异物损害。

（三）自动仓库

自动仓库又称立体仓库。FMS中采用自动仓库不仅能有效地存取和保管毛坯、成品、工夹具、自制件、外购配件，还能控制调节物料流动，准确统计库存物料的种类、规格、数量，实时地向各作业点提供急需物料，为上层管理系统提供物流信息，实现订货、生产计划、物料控制的集成。

1. 自动仓库的种类及其结构

自动仓库由货架和存取货物的设备组成，每排货架按列和层分成若干大小相等的货格，物料放在托盘上（或货箱中）存入货格。根据存取货物时货架和物料的状态特点，可将自动仓库区分成固定式自动仓库和循环式自动仓库。

(1) 固定式自动仓库

固定式自动仓库由货架、堆垛机、载货工具、进出库作业站和进出库控制装置组成。固定式自动仓库的货架可以与车间的墙壁和天花板建成一体，使其成为厂房设计的一部分，也可以作为独立的结构体，把它建在车间内某一地方。每排货架都被水平地分成若干层和垂直地分成若干列，层列交错地在货架上隔出货格。若干排货架平行布置就能构筑出大型自动仓库，货架之间的空间称为巷道。巷道、货架的层、货架的列组成了 X、Y、Z 三维立体空间，一个货格唯一地对应着直角坐标系的一个坐标点。

堆垛机又称自动巷道车，它可以在巷道中沿 X 轴方向运行，其升降台和载货台（含货物存取装置，如货叉）可沿 Y、Z 轴方向移动，因此堆垛机能对巷道两侧货架中的每件货物进行存取和输送。自动仓库的每条巷道至少有一台堆垛机。

使用载货工具（例如托盘、零件盘、货箱）实施物料自动存取和输送。托盘是一种随行夹具，大、中型零件通常装夹在托盘上直接送到机床加工，小型零件的装载多用零件盘，散件常用货箱。

只有经过进出库作业站才能实现货物入、出库。在该作业站可以安排操作人员协同工作。在进出库控制装置的控制下，摆放在进出库作业站上的物料（放在托盘上或放到货箱中），可以被堆垛机取走，送到预定的货格中存储起来；反之，堆垛机也可以从指定的货格中取出物料，送给进出库作业站。

(2) 循环式自动仓库

物料随回转台一起作水平回转运动。如果操作人员设定了一个货位号，当该货位到达进/出库站时，自动仓库便停止运转，自动存/取货装置就可实施物料的进/出库操作。

把水平循环自动仓库竖立起来，就成为垂直循环自动仓库，其物料随回转台一起作垂直回转运动。垂直循环自动仓库的控制方式与水平循环自动仓库完全一样，但物料的进/出库操作是在某一设计高度上实施的。

将水平循环自动仓库多层叠置，就构成了多层水平循环自动仓库，其每层货位均可独立地水平回转，互不制约地实施进/出库操作。这种仓库能迅速地完成物料的分类、检索、挑选、进出库操作。

与固定式自动仓库比较，循环式自动仓库的规模比较小，货架之间一

般不需要通道，多用于物料的短期管理，效率较高。

2. 自动仓库的管理和控制

FMS 的自动仓库采用多级分布式控制包括以下方面：

（1）预处理计算机层

负责对货物编码（如条形码）识别的信息进行预处理，并把与货箱零件有关的信息送到管理计算机上登记。

（2）管理计算机层

担当对整个自动仓库的物料、账目、货位及其信息进行管理的任务，按均匀分配原则把入库货箱分配给各条巷道，按先进先出原则调用库存物料，还能提供库存查询和打印报表的任务。

（3）通信监控机层

接受管理计算机的作业命令包，将其拆包、分解、数据处理，按巷道对作业命令进行分类排序，并下达给堆垛机控制器和运输机控制器执行。还能显示出指定作业的地址和各巷道的作业箱数，监视实际运行地址和实际完成的作业箱数。

（4）堆垛机控制器

执行通信监控计算机的作业命令，合理设定堆垛机的运行速度，控制堆垛机按遥控方式或全自动在线方式运行，使之从事入库、出库、转库等工作。还能在屏幕上显示出作业目的地址和运行地址，显示堆垛机运行的 X 向速度和 Z 向速度的大小与方向，显示伸叉方向。还给堆垛机安全运行提供一些保护措施，例如，当堆垛机出现小故障，启动暂停功能可使其停止运行，排除故障后再让它继续工作；当货叉占位、取货无箱、存货占位等现象发生时，能及时报警并作出相应处理。

（5）运输机控制器

执行通信监控计算机的作业命令，从作业地址中取出巷道号，对其进行数据处理，依照处理结果控制分岔点的停止器，使货箱在运输机上自动分岔。

第五章　检测过程及产品装配的自动化

第一节　检测过程自动化

在自动化制造系统中，由于从工件的加工过程到工件在加工系统中的运输和存贮都是以自动化的方式进行的，因此为了保证产品的加工质量和系统的正常运行，需要对加工过程和系统运行状态进行检测与监控。

加工过程中产品质量的自动检测与监控的主要任务在于预防产生废品、减少辅助时间、加速加工过程、提高机床的使用效率和劳动生产率。它不仅可以直接检测加工对象本身，也可以通过检验生产工具、机床和生产过程中某些参数的变化来间接检测和控制产品的加工质量，还能根据检测结果主动地控制机床的加工过程，使之适应加工条件的变化，防止废品产生。

一、检测过程自动化概述

（一）检测自动化的目的和意义

制造过程检测自动化，是利用各种自动化检测装置，自动地检测被测量对象的有关参数，不断提供各种有价值的信息和数据（包括被测对象的尺寸、形状、缺陷、加工条件和设备运行状况等）。自动化检测不仅用于被加工零件的质量检查和质量控制，还能自动监控工艺过程，以确保设备的正常运行。随着计算机应用技术的发展，自动化检测的范畴已从单纯对被加工零件几何参数的检测，扩展到对整个生产过程的质量控制。从对工艺过程的监控扩展到实现最佳条件的适应控制生产。因此，自动化检测不仅是质量管理系统的技术基础，也是自动化加工系统不可缺少的组成部分。在先进制造技术中，它还可以更好地为产品质量体系提供技术支持。

实现检测自动化，可以消除人为的误差因素，使检测结果稳定，可信

度高。由于采用先进的测量仪器，提高了检测精度，还可以实现实时动态测量；同时，依据测量结果，容易实现对加工过程积极有效的质量控制，从而保证产品质量。

此外，采用加工过程中的自动测量，可以使检测过程与加工过程重合，减少了大量辅助时间，提高了生产率，也大大减轻了工人的劳动强度。

值得注意的是，尽管已有众多自动化程度较高的自动检测方式可供选择，但并不意味着任何情况都一定要采用。重要的是根据实际需要，以质量、效率、成本的最优结合来考虑是否采用和采用何种自动检测手段，从而取得最好的技术经济效益。

（二）自动检测的特征信号

在现代制造系统中，产品质量的控制已不再停留在传统的检测被加工零件的尺寸精度和粗糙度等几何量的单一的直接测量方式，而是扩大至检测和监控影响产品加工质量的机械设备和加工系统的运行状态，间接地、多方面地来保证产品的质量要求和系统运行的可靠性。

机械设备和加工系统的状态变化，必然会在其运行过程中的某些物理量和几何量上得到反映。例如切削过程中刀具的磨损，会引起切削力、切削力矩、振动等特征量的变化。因此，在采用自动检测和监控方法时，根据加工系统和设备的具体条件，正确选择被测的特征信号是很重要的。

可供选择的检测特征信号较多，因此，选择时必须遵循的准则有：① 信号能否准确可靠地反映被测对象和工况的实际状态；② 信号是否便于实时和在线检测；③ 检测设备的通用性和经济性。

在加工系统中常用于产品质量自动检测和控制的特征信号有尺寸和位移、力和力矩、振动、温度、电信号、光信号和声音等。

1. 尺寸和位移

这是最常用作检测信号的几何量。尺寸精度是直接评价加工件质量的依据，只要可能，都应尽量直接检测工件尺寸。但是，在实时和在线条件下，直接测量工件尺寸往往有困难，这时就可对影响工件加工尺寸的机床运动部件（如刀架、溜板或工作台等）的位移量进行检测，以保证获得要求的工件尺寸精度。

2. 力和力矩

力和力矩是机械加工过程中最重要的物理量，它们直接反映加工系统中的工况变化，如切削力、主轴扭力矩等都反映刀具的磨损状态，并间接反映工件的加工质量。但这类特征信号在加工过程中直接计量较困难，通常必须通过测量元件或传感器转换成电信号。

3. 振动

这是加工系统中又一种常见的特征信号，它涉及众多的机床及有关设备的工况和加工质量的动态信息，例如刀具的磨损状态、机床运动部件的工作状态等。振动信号便于检测和处理，能得出较精确的测量结果。

4. 温度

在许多机械加工过程中，随着摩擦和磨损的发生和发展，均会随之而出现温度的变化，过高的温度会导致机械系统的变形而降低加工精度，因此，温度也常作为特征信号而被检测和监控。此外，在磨削加工时，如果磨削区温度过高，就会烧伤工件的磨削表面，降低工件的表面质量。

5. 电流、电压和电磁强度等电信号

电信号是人们最熟悉和最便于检测的物理量，特别是在其他物理参数（如主轴转矩）较难直接测量时，就常转换成电信号进行间接检测。因此，在机械加工系统中，检测电信号来控制系统工况以保证加工产品质量是用得最普遍的方法。

6. 光信号

随着激光技术、红外技术以及视觉技术的发展和应用，光信号也已经作为特征量用于加工系统的实时检测和监控，例如检测工件表面粗糙度、形状和尺寸精度等。

7. 声音

声信号也是一种常见的物理量，它是由于弹性介质的振动而引起的。因此信号一样可以从一个侧面来反映加工系统的运行情况。

以上所列均为机械加工系统自动检测和监控时常用的系统特征信号。为了保证加工系统的正常运行和产品的高质量，就需要根据实际生产条件和经济条件，正确选取需要进行检测的特征信号和测试设备，或者若干信号的组合检测。

（三）自动检测方法与测量元件

在需要检测的特征参数或信号确定以后或同时，必须选择测量方法和

测量元件或传感器。

1. 自动检测方法

自动检测方法可有下列几种分类方式。

(1) 直接测量与间接测量

直接测量的测得值及其测量误差，直接反映被测对象及测量误差（如工件的尺寸大小及其测量误差）。在某些情况下，由于测量对象的结构特点或测量条件的限制，要采用直接测量有困难，只能测量另外一个与它有一定关系的量（如测量刀架位移量控制工件尺寸），此即为间接测量。

(2) 接触测量和非接触测量

测量器具的量头直接与被测对象的表面接触，量头的移动量直接反映被测参数的变化，称为接触测量。量头不与工件接触，而是借助电磁感应、光束、气压或放射性同位素射线等强度的变化来反映被测参数的变化，称为非接触测量。非接触测量方式的量头由于不与测量对象接触而发生磨损或产生过大的测量力，有利于在对象的运动过程中测量和提高测量精度，故在现代制造系统中，非接触测量方式的自动检测和监控方法具有明显的优越性。

(3) 在线测量和离线测量

在加工过程或加工系统运行过程中对被测对象进行检测称为在线测量或在线检验，有时还对测得的数据分析处理后，通过反馈控制系统调整加工过程以确保加工质量。如果在被测对象加工后脱离加工系统再进行检测，即为离线测量。离线测量的结果往往需要通过人工干预，才能输入控制系统调整加工过程。

(4) 全部（100%）检测和抽样统计检测

对每个被测对象全部进行检验或测量，称为全部检测或100%检测。如果只在一批零件中抽样检查和测量，并对测得数据进行统计学分析，并根据分析结果确定整批对象的质量或系统的工作状态，称为抽样统计检测。当前在用户对产品质量和可靠性要求愈来愈高的情况下，自动检测工作都将在100%的基础上进行而尽可能不采用抽样。

2. 测量元件和传感路

在高性能的数控机床上，都配备有位置测量元件和测量反馈控制系统。一般要求测量元件的分辨率在0.001～0.01 mm之内，测量精度在±0.002～

0.02 mm 之内，并能满足数控机床以 10 m/min 以上的最大速度移动。另外，在具有数显装置的机床上，也采用位置测量元件。

在现代化的制造系统中，常用的接触式和非接触式自动测量技术。接触方法最常用的是坐标测量机和三维测头。坐标测量机是由计算机控制的，它能与计算机辅助设计（CAD）、计算机辅助制造（CAM）连接在一起，构成包括计算机辅助质量控制（CAQC）在内的集成系统。三维测头可用于数控机床和机器人测量站进行自动检测。非接触方法分成光学的和非光学的两大类。光学方法涉及某些视觉系统和激光应用。非光学方法基本上都是用电场原理去感受目标特征，此外，还有超声波和射线技术。

（四）制造过程中自动检测的内容

一般地，机械加工工艺过程与机械加工工艺系统（机床、刀具、工件、夹具及辅具）的工作状况不属于自动化检测的内容，主要包括对工件几何精度的检测与控制、对刀具正作状态的检测与控制、对自动化加工工艺过程的监控。

二、工件教工尺寸的自动测量

工件尺寸精度是直接反映产品质量的指标，因此，在绝大多数的加工系统中，都采用直接测量工件尺寸来保证产品质量和系统的正常运行。

（一）长度尺寸测量

长度测量用的量仪按测量原理可分为机械式量仪、光学量仪、气动量仪和电动量仪四大类，而适于大中批量生产现场测量的，主要有气动量仪和电动量仪两大类。

1. 气动量仪

气动量仪将被测盘的微小位移量转变成气流的压力、流量或流速的变化，然后通过测量这种气流的压力或流量变化，用指示装置指示出来，作为量仪的示值或信号。

气动量仪容易获得较高的放大倍率（通常可达 2000～10 000 倍），测量精度和灵敏度均很高，各种指示表能清晰显示被测对象的微小尺寸变化；操作方便，可实现非接触测量；测量器件结构容易实现小型化，使用灵活；

气动量仪对周围环境的抗干扰能力强，广泛应用于加工过程中的自动测量。但对气源的要求高，响应速度略慢。

气功量仪一般由指示转换部分和测头两部分组成。

（1）气动量仪的指示转换

可分为流量型和压力型两类。

压力型量仪压力型气动量仪主要有薄膜式、波纹管式和水柱式等类型。

（2）气动测头

气动量仪在测量不同对象时，必须使用不同的气动测头。气动测头可分为接触式和非接触式两类。在自动化检测中主要采用非接触式测头。

非接触式测头的结构简单，测量时从喷嘴中逸出的压缩空气直接向被测量表面喷吹，可以消除或减少工件表面上残留的油、尘或切削液对测量结果的影响，因而适用范围较为广泛。

2. 电动量仪

电动量仪一般由指示放大部分和传感器组成，电动量仪的传感器大多应用各种类型的电感和互感传感器及电容传感器。

（1）电动量仪的原理

电动量仪一股由传感器、测量处理电路及显示及执行部分所组成。由传感器将工件尺寸信号转化成电压信号，该电压信号经后续处理电路进行整流滤波后，将处理后的电压信号送 LCD 或 LED 显示装置显示，并将该信号送执行器执行相关动作。

（2）电动量仪的应用

各种电动量仪广泛应用作。特别是将各个传感器与各种判别电路、显示装置等组成的组合式测量装置，更是广泛应用于工件的多参数测量。

用电动量仪作各种长度测量时，可应用单传感器测量或双传感器测量。用单传感器测量传动装置测量尺寸的优点是只用一个传感器，节省费用；缺点是由于支承端的磨损或工件自身的形状误差，有时会导入测量误差，影响测量精度。

（二）形状精度测量

用于形位误差测量的气动量仪在指示转换部位与用于测量长度尺寸的量仪大致是相同的，只是所采用的测头不同（可根据具体情况参照有关手册进行设计）。用电动量仪进行形位误差测量时，与测量尺寸值不一样，往往需要测出误差的最大值和最小值的代数差（峰-峰值），或测出误差的最大值和最小值的代数和的一半（平均值）。为此，可用单传感器配合峰值电感测微心去测量，也可应用双传感器通过“和差演算”法测量。

（三）表面粗糙度测量

目前，在车间生产中应用比较广泛的表面粗糙度的测量方法包括气隙法、漫反射法等。

1. 气隙法

主要由电容法测量表面粗糙度。电容极板靠三个支承点与被测表团接触，按电容量的大小来评定表面粗糙度。

2. 漫反射法

漫反射法有激光反射法和光纤法两种。

如激光反射法的原理为，对于非理想镜面，在光线入射时，除了产生镜面反射外，还会产生漫反射。这样可以根据漫反射光能与镜面反射光能量之比确定被测件表面粗糙度，这种方法称为数值法。还可以根据斑点形状来确定被测工件表面粗糙皮，称为图像法。

（四）加工过程中的主动测量装置

1. 主动测量装置概述

加工过程中的主动测量装置一般作为辅助装置安装在机床上。在加工过程中，不需停机测量工件尺寸，而是依靠自动检测装置，在加工的同时自动测量工件尺寸的变化，并根据测量结果发出相应的信号，控制机床的加工过程。

主动测量装置可分为直接测量和间接测量两类。直接测量装置在加工过程中用量头直接测量工件的尺寸变化，主动监视和控制机床的工作。间接测量装置则依靠预先调整好的定程装置控制机床的执行部件或刀具行程的终点位置来间接控制工件的尺寸。

直接测量装置根据被测表面的不同，可分为检验外因、孔、平面和检验断续表面等装置。测量平面的装置多用于制工件的厚度或高度尺寸，大多为单触点测量，其结构比较简单。其余几类装置，由于工件被测表面的

形状特性及机床工作特点不同，因而各具有一定的特殊性。

2. 间接测量装置

以间接测量法控制加工过程时，不是用测量装置直接检测工件尺寸的变化，而是利用预先调整好的定程装置，控制机床执行机构的行程，成借助于专用的装置检测工具的尺寸，来间接地控制工件的尺寸。

在应用间接测量法的自动测量装置中，通常都具有某种测量发信元件，通过检测刀具的行程或尺寸来间接控制工件的尺寸。

3. 主动测量装置的主要技术要求

（1）测量装置的杠杆传动比不宜太大，测量链不宜过长，以保证必要的测量精度和稳定性。对于两点式测量装置，其上下两测端的灵敏度必须相等。

（2）工作时，测端应不脱离工件。因测端有附加测力，若测力太大，则会降低测量精度和划伤工件表面；反之，则会导致测量不稳定。当确定测力时，应考虑测量装置各部分质量、测端的自振频率和加工条件，例如机床加工时产生的振动、切削液流量等。一般两点式测量装置测力选取在0.8～2.5 N之间，三点式测量装置测力选取在1.5～4 N之间。

（3）测端材料应十分耐磨，可采用金刚石、红宝石硬质合金等。

（4）测臂和测端体应用不导磁的不锈钢制作，外壳体用硬铝制造。

（5）测量装置应有良好的密封性。无论是测量臂和机壳之间，传感器和引出导线之间，还是传感器测杆与套筒之间，均应有密封装置，以防止切削液进入。

（6）传感器的电缆线应柔软，并有屏蔽，其外皮应是防油橡胶。

（7）测量装置的结构设计应便于调整，推进液压缸应有足够的行程。

（五）三坐标测量机和测量机器人

1. 三坐标测量机

三坐标测量机是为了解决三维空间内的复杂尺寸和形位误差测量而发展的精密测量设备，是现代自动化加工系统中的基本设备。它不仅可以在计算机控制的制造系统中直接利用计算机辅助设计和制造系统中的编程信息对工件进行测量和检验，构成设计—制造—检验集成系统，并且能在工件加工、装配的前后或过程中给出检测信息，进行在线反蚀处理。

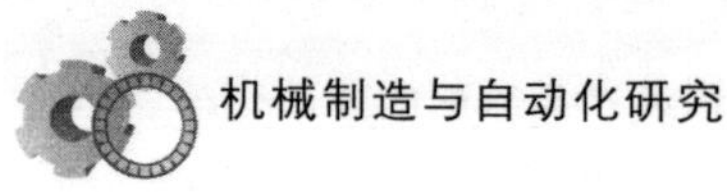

（1）三坐标测量机的导轨、底座和工作台的结构特点

三坐标测量机的导轨结构主要有气浮导轨、滑动导轨和滚动导轨三种形式。

使用最普遍的是气浮导轨。这种导轨具有摩擦力低、磨损小、运动精度高、保养简单等优点，但对气浮要求高，气浮刚度差。一些精密型小尺寸的三坐标测量机仍采用导向性好的滑动导轨。

三坐标测量机的底座和工作台采用花岗石制作的较多，具有变形小、硬度高、耐磨，使用寿命是钢铁的5～10倍，热稳定性和吸震性好，无磁化、无静电效应、不生锈，花岗石工作台表面受损伤时是局部脱落而不会引起周围变形等优点。但花岗石脆、易碎，加工成形性差，只能形成简单形状。因此也有一些三坐标测量机的底座用铸铁和钢板焊接结构。

（2）三坐标测量机在制造系统中的应用

采用三坐标测量机对减少检验时间十分有效，一般在三坐标测量机上检测工件的时间只有传统手工检测时间的5%～10%，而且测量结果可靠，一致性高。

在高水平的柔性制造系统中，尤其是加工箱体类零件的柔性制造系统中，一般都配置一台三坐标测量机以获得高质量要求的零件。通常，安装在托盘上的工件在数控机床上加工结束后，与托盘一起运送至系统中的三坐标测量机上测量，不再需要专用夹具和量具。但是工件在进入测量机前必须经过充分的清洗，特别是在完全自动化操作的情况下更应注意。

在为三坐标测量机用离线或示教方法编制测量程序时，尽量不需要找正零件后再编但必须选择和定义零件的坐标轴和参考点。测量机自动执行测量时，可根据实际测得零件的位置和方向，自动计算出坐标转换值。因此，托盘的安装误差和零件的定位误差在测量过程中能自动校正，从而获得高的测量精度。如果用传统的检验方法来完成与此类似的任务，将复杂和耗时得多。

2. 测量机器人

在柔性加工系统中，三坐标测量机作为系统中的主要检测设备可以实现产品的下线终检。尽管测量机功能强、精度高，但各种测量都在其上进行是不经济的，它会增加生产的辅助时间，降低生产率。

利用机器人进行辅助测量，具有灵活、在线、高效等特点，可以实现

对零件100%的测量。因此，特别适合FMS中的工序间和过程测量。而且与坐标测量机相比，其造价低，使用灵活，容易纳入自动线。

机器人测量分直接测量和间接测量。直接测量称作绝对测量，它要求机器人具有较高的运动精度和定位精度，因此造价也较高。间接测量又称辅助测量，特点是在测量过程中机器人坐标运动不参与测量过程。它的任务是模拟人的操作，将测量工具或传感器送至测量位置。这种测量机器人有如下特点。

机器人可以是一般的通用工业机器人，如在车削自动线上，机器人可以在完成上下料工作后进行测量，而不必为测量专门设置一个机器人，使机器人在线具有多种用途。

对传感器和测量装置要求较高，由于允许机器人在测量过程中存在移动或定位误差，因此传感器或测量仪器具有一定的智能和柔性，能进行姿态和位置调整，并独立完成测量工作。

（六）工件尺寸在线本电检测装置

1. 激光测径仪

激光测径仪是一种非接触式测量装置，常用在轧制钢管、钢棒等热轧制件生产线上。为了提高生产效率和控制产品质量，必须随机测量轧制中轧件外径尺寸的偏差，以便及时调整轧机，保证轧件符合要求。这种方法适用于轧制时对温度高、振动大等恶劣条件下的尺寸检测。

激光测径仪包括光学机械系统和电路系统两部分。其中，光学机械系统由激光电源、领氖激光器、同步电动机、多面棱镜及多种形式的透镜和光电转换器件组成；电路系统主要由整形放大、脉冲合成、填充计数、微型计算机、显示器和电源等组成。

2. 采用面阵CCD的钢板尺寸在线检测

目前，世界上先进的钢铁企业已较为普遍地采用在线自动测量技术对钢板板材的长度、宽度进行测量与剪切。其中，除了采用激光扫描、超声检测、射线测量等技术外，近几年来也正在应用CCD摄像机进行图像尺寸测量方面的研究和技术改造。随着国外钢铁企业在钢板生产上测量手段的提高，国际上对钢铁产品尺寸提出了更高的要求。例如，在中厚钢板几何尺寸控制上，国际上通用的ISO 9000长度误差标准为0～25 mm；而目前由于缺乏先进可靠的在线检测手段，我国的国家标准为0～40 mm。这对我国的钢材产品进入国际市场显然是不利的。

根据钢板剪切过程和现场情况，在不改动原有设备的基础上，本系统应用图像处理与摄影测量等技术，通过多台面阵CCD摄像机获取整块钢板的图像，并经高速图像采集卡将图像数字化后输入至计算机中。计算机对钢板的数字图像进行预处理、边缘提取、自动识别后，计算出钢板的长度和宽度，并进行几何尺寸的规划及引导剪切。

三、刀具磨损的检测与监控

刀具的磨损和破损，与自动化加工过程的尺寸加工精度和系统的安全可靠性具有直接关系。因此，在自动化制造系统中，必须设置刀具磨损、破损的检测与监控装置，用以防止可能发生的工件成批报废和设备事故。

（一）刀具磨损的检测与监控

1. 刀具腐损的直接检测与补偿

在加工中心或柔性制造系统中，加工零件的批量不大，且常为混流加工。为了保证各加工表面应具有的尺寸精度，较好的方法是直接检测刀具的磨损量，并通过控制系统和补偿机构对相应的尺寸误差进行补偿。

刀具磨损量的直接测量，对于切削刀具，可以测量刀具的后刀面、前刀面或刀刃的磨损量；对于磨削，可以测量砂轮半径磨损量；对于电火花加工，可以测量电极的耗蚀量。

2. 刀具磨损的间接测量和监控

在大多数切削加工过程中，刀具的磨损区往往被工件、其他刀具或切屑所遮盖，很难直接测量刀具自损值，因此多采用间接测量方式。除工件尺寸外，还可以将切削力或力矩、切削温度、振动参数、噪声和加工表面粗糙度等作为衡量刀具磨损程度的判据。

（1）以切削力为判据

刀具在切削过程中磨损时，切削力会随着增如果刀具破损，切削力会剧增，在系统中，由于加工余量的不均匀等因素也会使切削力变化。

对于加工中心类机床，由于刀具经常需要更换，测力装置无法与刀具安装在一起。最好的办法是将测力装置设置在主轴轴承处，一方面可以不

受换刀的影响，另一方面此处离刀具切入工件处较近，对直接检测切削力的变化特别敏感，且测量过程是连续的，能监测特别容易折断的小刀具。

（2）以振动信号为判据

振动信号对刀具磨损和破损的敏感程序仅次于切削力和切削温度。在刀架的垂直方向安装一个加速度计拾取和引出振动信号，通过电荷放大器、滤波器、模数转换器后，送入计算机进行数据处理和比较分析。在判别刀具磨损的振动特征是超过允许值时，控制器发出换刀信号。需指出的是，由于刀具的正常磨损与异常磨损之间的界限的不确定性，要事先确定一个设定值较困难，最好采用模式识别方法构造判别函数，并且能在切削过程中自动修正设定值，才能得到在线监控的正确结果。此外，还需排除过程中的干扰因素和正确选择振动参数的敏感频段。

（3）表面粗糙度为判据

加工表面粗糙度与刀具磨损造成的机床系统特性参数的变化有关。因此，可以通过监测工件表面粗腿皮来判断刀具的磨损状态。这种方法信号处理比较简单，可利用工件所要求的粗糙度指标和粗糙度信号方差变化率构成逻辑判别函数，既可以有效识别出刀具的急剧磨损或微破损，又能监视工件的表面质量。

（4）具寿命为判据

这是目前在加工中心和柔性制造系统中使用最为广泛的方法，因为不需要附加测试装置及数据分析和处理装置，且工作可靠。

对于使用条件已知的刀具，其寿命有两种确定方法：是根据用户提供的使用条件试验确定，二是根据经验确定。刀具寿命不宜定得过长，必须定在急剧磨损之前，以防止切削力过大、切削温度过高和刀具折断的危险；但又不宜定得过短，以避免过早更换刀具和增加磨刀成本。刀具寿命可按刀具编号送入管理程序中。在调用刀具时，从规定的刀具使用寿命中扣除切削时间，直到剩余刀具寿命不足下次使用时间时发出换刀信号。

（二）刀具破损的监控方法

1. 探针式监控

这种方法多用来测量孔的加工深度，同时间接地检查出孔加工刀具（钻头的完整性，尤其是对于在加工中容易折弯的刀具，如直径 10～12 mm

以内的钻头。这种检测方法结构简单，使用很广泛。

其原理是：装有探针的检查装置装在机床移动部件（如滑台、主轴箱）上，探针向右移动，进入工件的已加工孔内，当孔深不够或有折断的钻头和切屑堵塞时，探针板压缩滑杆，克服弹簧力而后退，使挡铁压下限位开关，发出下一道工序不能继续进行的信号。但这种故障信号只能使自动线完成这一工作循环后才不再进行，而不能立即停止自动线的工作，因为立即停止工作易使自动线上的刀具损坏。

2. 光电式监控

采用光电式监控装置可以直接检查钻头是否完整或折断。光源的光线通过隔板中的孔，射向刚加工完退回的钻头，如钻头完好，光线受阻；如钻头折断，光线射向光敏元件，发出停车信号。

这种方法属非接触式检测，一个光敏元件只可检查一把刀具，在主轴密集、刀具集中时不好布置，信号必须经放大，控制系统较复杂，还容易受切屑干扰。

3. 气动式监控

这种监控方式的工作原理和布置与光电式监控装置相似。钻头返回原位后，气阀接通，气流从喷嘴射向钻头，当钻头折断时，气流就冲向气动压力开关，发出刀具折断信号。

这种方法的优缺点及适用范围与光电式监控装置相同，但同时还有清理切屑的作用。

4. 电磁式监控

它是利用磁通变化的原理来检测刀具是否折断，带有线圈的U形电磁铁和钻头组成闭合的磁路。当钻头折断时，磁阻增大，使线圈中的电压发生变化而发出信号。

这种方法只适用于回转形刀具和加工非铁磁性材料的工件。因为刀具带有磁性。钻头的螺旋槽引起的周期性磁阻变化，可在电路中予以排除，但不适用于中心钻、阶梯钻等。

5. 主电动机负荷监控

在切削过程中，刀具的破损会引起切削力或切削转矩的变化，而切削力/转矩的变化可直接由机床电动机功率来表示。因此，检测机床电动机功率可以判断刀具状态。

6. 声发射监控

在金属切削过程中，用声发射方法检测刀具破损非常有效，特别是对小尺寸刀具破损的检测。

声发射是固体材料或构件受外力或内力作用产生变形或断裂，以弹性波形式释放出应变能的现象。金属切削过程中可产生频率范围从几十千赫至几兆赫的声发射信号。产生声发射信号的来源有工件的断裂、工件与刀具的摩擦、切屑变形、刀具的破损及工件的塑性变形等。正常切削时，信号器所拾取的信号为一个小幅值连续信号，当刀具破损时，声发射信号各增长幅值远大于正常切削时的幅度。当切削加工中发生钻头破损时，用安装在工作台上的声发射传感器检测钻头破损所发出的信号，并由钻头破损检测器处理，当确认钻头已破损时，检测器发出信号通过计算机控制系统进行换刀。根据大量实验，此增大幅度为正常切削时的 3～7 倍，并与刀具破损面积有关。因此，声发射产生阶跃突变是识别刀具破损时的重要特征。

声发射法监控仪抗环境噪声和扰动等随机干扰的能力强，识别刀具破损的精度和可靠性较高，能识别出直径 1 mm 的钻头或丝锥的破损，可用于普通车床、铣床和钻床，也可用于数控机床及加工中心，是一种很有前途的刀具破损监控方法。

第二节　产品装配过程自动化

机械装配是机械制造系统的重要组成环节，各种零部件（包括自制的、外购的和外协的）须经过正确的装配，才能形成最终产品。机械装配的效率和质量直接影响着整个制造系统的生产率和产品的总成本，但由于机械装配技术一直落后于机械加工技术，机械装配过程已成为自动化制造系统的薄弱环节。据有关资料统计，一些典型产品的装配时间占总生产时间的 40%～60%，而目前产品装配的平均自动化水平仅为 10%～15%。因此，提升机械装配的自动化程度和水平是现代制造工业发展过程中急需解决的关键问题。

一、实现装配自动化的途径

装配自动化是实现生产过程综合自动化的重要组成部分，其意义在于提高生产效率、降低成本、保证产品质量，特别是减轻或取代特殊条件下的人工装配劳动。针对我国目前的情况，实现装配自动化的途径主要如下。

（一）借助先进技术，改进产品设计

自动装配系统的最大柔性主要来自被制造的零件族的合理设计，工业发达国家已广泛推行便于装配的设计准则，主要有两方面内容：一是尽量减少产品中单个零件的数量。结构方面的一个区别是分立方式还是集成方式，集成方式可以实现元件最少，维修也方便；二是改善产品零件的结构工艺性，层叠式和鸟巢式的结构对于自动化装配是有利的。基于该准则的计算机辅助产品设计软件已开发成功。可以在这些先进技术的基础上，进行便于装配的产品设计，从而提高装配效率，降低装配成本。

（二）研究和开发新的装配工艺和方法

在当前的生产技术条件下，还应根据我国国情研究和开发自动化程度不一的各种装配方法。例如针对某些产品，研究利用机器人、刚性自动化装配设备与人工结合等方法，而不能盲目地追求全盘自动化，这样有利于得到最佳经济效益。此外，还应加强基础研究，如研究合理配合间隙或过盈量的确定及控制方法、装配生产的组织与管理等，以开发新的装配工艺和技术。机械制造自动化及智能制造技术研究。

（三）尽快实现自动装配设备与 FAS 的国产化

我国应根据国情加大开发自动装配技术的力度，在引进外来技术的基础上，实现自动装配设备的国产化，逐步形成系列型谱以及实现模块化和通用化。装配机器人是未来柔性自动化装配的重要工具，集中优势跟踪这方面高技术的发展非常必要。我国已建立了装配机器人研究中心，并取得了很大进展。大力发展廉价的装配机器人，将是今后相当长时间内我国发展装配自动化的基本国策。

二、自动装配工艺过程分析和设计

（一）装配工艺规程的内容

1. 产品图纸分析

从产品的总装图、部装图和零件图了解产品结构和技术要求，审查结

构的装配工艺性，研究装配方法，并划分能够进行独立装配的装配单元。

2. 确定生产组织形式

根据生产纲领和产品结构确定生产组织形式。装配生产组织形式可分为固定式和移动式两类。按照装配对象的空间排列和运动状态、时间关系、装配工作的分工范围和种类，可有多种具体组织形式。

固定式装配即产品固定在一个工作地上进行装配。这种方式多用于机床、汽轮机等成批生产中。

移动式装配流水线工作时产品在装配线上移动，有自由节奏和强迫节奏两种。采用自由节奏时各工位的装配时间不固定，而强迫节奏是定时的，各工位的装配工作必须在规定的节奏时间内完成，装配中如出现故障则立即将装配对象调至线外处理，以避免流水线堵塞。其中又可分为连续移动和断续移动两种方式。连续移动装配时，装配线作连续缓慢的移动，工人在装配时随装配线走动，一个工位的装配工作完毕后工人立即返回原地。断续移动装配时，装配线在工人进行装配时不动，到规定时间，装配线带着被装配的对象移动到下一工位。移动式装配流水线多用于大批量生产，产品可以是小仪器仪表，也可以是汽车、拖拉机等大产品。

3. 装配顺序的决定

在划分装配单元的基础上，决定装配顺序是制定装配工艺规程中最重要的工作。根据产品结构及装配方法划分出套件、组件和部件，划分的原则是先难后易、先内后外、先下后上，最后按零件的移动方向画出网络连线而得到装配系统图。

4. 合理装配方法的选择

装配方法的选择主要是根据生产大纲、产品结构及其精度要求来确定的。大批量生产多采用机械化、自动化的装配手段；单件小批生产多采用手工装配。大批量生产多采用互换法、分组法和调整法等来达到装配精度的要求；而单件小批生产多用修配法来达到要求的装配精度。某些要求很高的装配精度在目前的生产技术条件下，仍靠高级技工手工操作及经验来得到。

（二）自动装配工艺设计的一般要求

1. 自动装配工艺的节拍

自动装配设备中，多个装配工位同时进行装配作业。要使各工位工作协调并提高装配工位和生产场地效率，必须使各工位同时开始和工作节拍相等。对装配工作周期较长的工序，可分散在几个工位装配。

2. 避免或减少装配中基础件的位置变动

自动装配中通常装配基础件需要在传送装置上自动传送，并要求在每个装配工位上准确定位。因此，需要合理设计自动装配工艺，减少装配基础件在自动装配过程中的位置变动，如翻转、升降，以避免重复定位。

3. 合理选择装配基准面

合理选择装配基准面才能保证装配定位精度。装配基准面通常是精加工面或面积大的配合面，同时应考虑装配夹具所必需的装夹面和导向面。

4. 对装配件进行分类

为提高装配自动化程度，需要对装配件进行分类。按装配件几何特性可分为轴类、套类、平板类和小杂件四类，每类按尺寸比例又可分为长件、短件、匀称件三组，每组零件还可分为四种稳定状态，故总共有 48 种状态。经分类分组后，采用相应的料斗装置使其实现自动供料。

5. 装配件的自动定向

对形状规则的多数装配零件可以实现自动供料和定向，还有少数关键件和复杂件往往难以实现自动供料和定向，可以考虑用概率法、极化法和测定法解决问题。概率法是基于送到分类口的零件呈各种位置，能通过分类口的零件即可自动排列；极化法是利用零件的形状和重量的明显差异而使其自动定向；测定法是根据零件的形状，将其转化为电气的、气动的或机械的量，由此确定零件的排列位置。

6. 易缠绕零件的定量隔离

装配中的螺旋弹簧、纸箔垫片等都是易缠绕粘连件，需考虑解决其定量隔离的措施。如采用弹射器将绕簧机与装配线衔接；在螺旋弹簧的两端各加两圈紧密相接的簧圈以防相互缠绕。

7. 精密配合副的分组选配

自动装配中精密配合副的装配由选配来保证。根据配合副的配合要求，如配合尺寸、中立、转动惯量来确定分组选配，一般可分为 3～20 组。

8. 提高装配自动化水平的技术措施

设计的自动装配线要可扩展，以便于改进完善；设计时要根据具体情况，注意吸收先进技术，如向自动化程度较高的数控装配机或装配中心发

展，应用具有触觉和视觉的智能装配机器人等，不断提高装配自动化程度。

（1）自动化装配线日益趋向机构典型化，形式统一，部件通用，仅需要更换或调整少量装配工作头和装配夹具即可适应系列产品或多品种产品轮番装配，扩大和提高装配线的通用化程度。

（2）向自动化程度较高的数控装配机或装配中心发展，通过装配工位实现数控化和具有自动更换工具的机能，能同时适应自动装入、压合、拧螺纹等，使自动装配线适应系列产品装配的需要。

（3）采用带存储装置的软装配线并采用电子计算机控制，扩大装配线的柔性程度。

（4）应用具有触觉和视觉的智能装配机器人，适应装配件传送和从事各种装配操作，进而还可发展为能看图装配的高级智能装配系统。

三、自动化装配设备

（一）装配设备分类

装配设备就是用来装配一种产品或不同的产品以及产品变种的设备。如果要装配的是复杂的产品就需要若干台装配设备协同工作。装配设备可以分为以下几类。

1. 装配工位

装配工位是装配设备的最小单位，是为了完成一个装配操作而设计的。自动化的装配工位一般用来作为一个大的系列装配的一个环节，程序是事先设定的。

2. 装配间

装配间是一个独立的柔性自动化装配工位，它带有自己的搬送系统、零件准备系统和监控系统作为它的物流环节和控制单元。装配间适合中批量生产的工件装配。

3. 装配中心

装配间和外部的备料库（按产品搭配好的零件，放在托盘上）、辅助设备以及装配工具结合在一起统称为装配中心。

4. 装配系统

装配系统是各种装配设备连接在一起的总称。一套装配系统包括物流和信息流，有装配机器人的介入，除自动装配工位之外，还有手工装配工位，装配系统中设备的排列经常是线性的。

（二）装配机

装配机是一种按一定时间节拍工作的机械化装配设备，其作用是把配合件往基础件上安装，并把完成的部件或产品取下来。装配机需要完成的任务包括配合和连接对象的准备、配合和连接对象的传送、连接操作与结果检查。装配机有时候也需要手工装配的配合。

1. 装配机的结构形式

装配机组成单元是由几个部件构成的装置，根据其功能可以分为基础单元、主要单元、辅助单元和附加单元 4 种。基础单元是具备足够静态和动态刚度的各种架、板、柱，主要单元是指直接实现一定工艺过程（如螺纹连接、压入、焊接等）的部分，它包括运动模块和装配操作模块。辅助单元和附加单元是指控制、分类、检验、监控及其他功能模块。

基础件的准备系统或装配工位之间的工件托盘传送系统一经确定，一台装配机的结构形式也就基本确定了。基础件的准备系统通常有直线形传送、圆形传送或复合方式传送几种：基础件的传送可以是连续的或按节拍的、固定的或变化步长的，还要考虑基础件的哪些面在通过装配工位时不被遮盖或阻挡，可以让配合件和装配工具通过。因为基础件要放在工件托盘上传送，需用夹具固定，故要考虑夹紧和定位元件的可通过性，既不能在传送过程中与其他设备相碰，又不能影响配合件和装配工具通过。

2. 单工位装配机

单工位装配机是指工位单一通常没有基础件的传送，只有一种或几种装配操作的机器，其应用多限于装配只由几个零件组成、装配动作简单的部件。在这种装配机上可同时进行几个方向的装配，工作效率可达到每小时 30～12 000 个装配动作。

3. 多工位装配机

对有 3 个以上零部件的产品通常用多工位装配机进行装配，设备上的许多装配操作必须由各个工位分别承担，这就需要设置工件传送系统。

（1）多工位同步装配机

同步是指所有的基础件和工件托盘都在同一瞬间移动，当它们到达下

一个工位时传送运动停止。同步传送可以连续进行。这类多工位装配机因结构所限装配工位不能很多，一般只能适应区别不大的同类工件的装配。

① 回转型自动装配机

该机适用于很多轻小型零件的装配。为适应供料和装配机构的不同，有几种结构形式。它们都只需在上料工位将工件进行一次定位夹紧，结构紧凑、节拍短、定位精度高。但供料和装配机构的布置受地点和空间的限制，可安排的工位数目也较少。

② 鼓形装配机

鼓形装配机很适合完成基础件比较长的产品或部件装配工作。这种装配机的工件托架绕水平轴按节拍回转，基础件牢固地夹紧在工件托架上。

③ 环台式装配机

在环台式装配机上，基础件或工件托盘在一个环形的传送链上间歇地运动，环内、环外都可设置工位，故总工位数比圆形回转台装配机的多。

在环台式装配机上基础件或工件托盘的运动可以有两种不同的方式：第一种是所有的基础件或工件托盘同步前移；第二种是当一个工位上的操作完成以后，基础件或工件托盘才能继续往前运动、环台表面向前运动则是连续不断的。各个装配工位的任务应尽可能均匀地分配，以使它们的操作时间大体上一致。

④ 纵向节拍式装配机

纵向节拍式装配机就是把各工位按直线排列，并通过一个连接系统连接各工位，工件流从一端开始，在另一端结束，可以按需设置工位数量(最多达 40 个)。但是，如果在装配过程中使用托盘输送，则需要考虑托盘返回问题。

由于纵向节拍式装配机长度较大，可能使基础件的准确定位产生困难，往往需要把工件或工件托盘从传送链上移动到一个特定的位置才能使基础件准确定位。若欲在一管状基础件的侧面压入一配合件，由于步距误差、链误差、支撑件的磨损等，可能造成位于节拍传送链上的基础件位置存在很大误差。

典型的纵向节拍式装配机的运动结构方式有履带式、侧面循环式和顶面循环式。纵向节拍式装配机不一定是直线形的，有一定角度、直角和椭圆形状的传送机构也归入此类。

⑤ 转子式装配机。转子式装配机是专为小型简单而批量较大的部件装配而设计的（基础件的质量在1～50 g），其效率可达每小时600～6 000件。

（2）多工位异步装配机

固定节拍传送的装配机工作中，当一个工位发生故障时，将引起所有工位的停顿，这个问题可以通过异步传送得到解决。

（三）装配工位

装配工位是装配设备的最小单位。它一般是为了完成一个装配操作而设计的。自动化的装配工位一般用来作为一个大的系列装配的一个环节。程序是事先设定的。它的生产效率很高，但是当产品变化时它的柔性较小。

柔性装配工位以装配机器人为主体，根据装配过程的需要，有些还设有抓钳或装配工具的更换系统以及外部设备。可自由编程的机器人的控制系统可以同时控制外设中的夹具。

这种模式可以脱离装配设备的主系统单独编程，测试程序然后与主系统连接。这种模式本身构成一个子系统。这种子系统通过内部的工件流系统可以构成一个独立的装配间。

（四）装配间

装配间是一个独立的柔性自动化装配工位。它带有自己的搬送系统、零件准备系统和监控系统作为它的物流环节和控制单元。装配间适合中批量生产的装配工件。

现代化的设计方案也往往是“新”与“旧”结合的产物，例如，一台装配机器人与一个回转工作台相结合。装配机器人位于圆形回转工作台的正中，担负几个工位的连接操作。还有一种与之相似的结构变种，其工作台是由NC控制的，可以正向或反向回转，按产品的批量大小，装配间可以有不同的结构方案，既可以工作台回转一周完成装配，也可以回转两周完成装配。这样的工作方式可以限制抓钳更换和连接工具更换的频繁性。如果批量较大，当然几路并行的装配方式是更好的。

（五）装配中心

装配间和外部的备料库（按产品搭配好的零件，放在托盘上）、辅助设

备以及装配工具结合在一起统称为装配中心。储仓往往位于装配机器人的作用范围之外，作为一个独立的、自动化的高架仓库。储仓的物流和信息流的管理由一台计算机承担。也可以若干个装配间与一座自动化储仓相连接，组成一套柔性装配系统。

（六）装配系统

装配系统是各种装配设备连接在一起的总称。一套装配系统包括物流、能量流和信息流，有装配机器人的介入，除自动装配工位之外，还有手工装配工位，装配系统中设备的排列经常是线形的。特别是当产品的结构很复杂的时候还不能没有手工装配工位。这种手工与自动混合的系统称为混合装配系统。在这种系统中应该注意，在手工工位和自动化工位之间应该有较大的中间缓冲储备仓。

（七）自动化装配设备的选用

选择自动化装配设备时首先要考虑的是生产率、产品装配时间，以及产品的复杂性和体积大小。此外，产品的预测越不确定需要装配机的柔性就越高。

四、自动装配线

（一）自动装配线的概念

自动装配线是在流水线的基础上逐渐发展起来的机电一体化系统，是综合应用了机械技术、计算机技术、传感技术、驱动技术等技术，将多台装配机组合，然后用自动输送系统将装配机相连接而构成的。它不仅要求各种加工装置能自动完成各道工序及工艺过程，而且要求在装卸工件、定位夹紧、工件在工序间的输送甚至包装都能自动进行。

（二）自动装配线对输送系统的要求

自动装配线对其输送系统有以下两个基本要求。(1) 产品或组件在输送中能够保持它的排列状态。(2) 输送系统有一定的缓冲量。

如果装配的零件和组件在输送过程中不能保持规定的排列状态，则必须重新排列，但对于装配组件的重排列，在形式和准确度方面，一般是很难达到的，而且重排列要增加成本，并可能导致工序中出现故障，因此要尽量避免重排列。

对于较大的组件，靠输送机输送带的长度不能达到要求的缓冲容量时，可以使用多层缓冲器。为了增大装配线的利用率，不仅需要在输送带上缓冲载有零件的随行夹具，而且也要缓冲返回运动中输送带上的空的随行夹具，这样才能保证在第二台装配机上发生短期故障时第一台装配机不因缺少空的随行夹具而停止工作。

五、柔性装配系统

（一）柔性装配系统的组成

柔性装配系统具有相应的柔性，可对某一特定产品的变型产品按程序编制的随机指令进行装配，也可根据需要增加或减少一些装配环节，在功能、功率和几何形状允许的范围内，最大限度地满足一族产品的装配。

柔性装配系统由装配机器人系统和外围设备组成。外围设备可以根据具体的装配任务来选择，为保证装配机器人完成装配任务通常包括灵活的物料搬运系统、零件自动供料系统、工具（手指）自动更换装置及工具库、视觉系统、基础件系统、控制系统和计算机管理系统。

（二）柔性装配系统的基本形式及特点

1. 柔性装配系统的基本形式

柔性装配系统通常有两种形式：一种是模块积木式柔性装配系统；另一种是以装配机器人为主体的可编程柔性装配系统。按其结构又可分为以下三种。

（1）柔性装配单元

这种单元借助一台或多台机器人，在一个固定工位上按照程序完成各种装配工作。

（2）多工位的柔性同步系统

这种系统各自完成一定的装配工作，由传送机构组成固定的或专用的装配线，采用计算机控制，各自可编程序和可选工位，因而具有柔性。

(3) 组合结构的柔性装配系统

这种结构通常要具有三种以上的装配功能，是由装配所需的设备、工具和控制装置组合而成的，可封闭或置于防护装置内。

2. 柔性装配系统的特点

总体来说，柔性装配系统有以下特点。(1) 系统能够完成零件的自动运送、自动检测、自动定向、自动定位、自动装配作业等，既适用于中、小批量的产品装配，也适用于大批量生产中的装配。(2) 装配机器人的动作和装配的工艺程序，能够按产品的装配需要，迅速编制成软件，存储在数据库中，所以更换产品和变更工艺方便迅速。(3) 装配机器人能够方便地变换手指和更换工具，完成各种装配操作。(4) 装配的各个工序之间，可不受工作节拍和同步的限制。(5) 柔性装配系统的每个装配工段，都应该能够适应产品变种的要求。(6) 大规模的FAS采用分级分布式计算机进行管理和控制。

第六章　智能制造时代的机械制造设计

第一节　智能制造的内涵

智能制造是未来制造业的发展方向，是制造过程智能化、生产模式智能化和经营模式智能化的有机统一。智能制造能够对制造过程中的各个复杂环节（包括用户需求、产品制造和服务等）进行有效管理，从而更高效地制造出符合用户需求的产品。在制造这些产品的过程中，智能化的生产线让产品能够“了解”自己的制造流程，同时深度感知制造过程中的设备状态、制造进度等，协助推进生产过程。

一、智能制造的概念及意义

（一）智能制造的基本概念

对于智能制造的定义，各国有不同的表述，但其内涵和核心理念大致相同。我国工业和信息化部推动的智能制造试点示范专项行动中，智能制造的定义为：基于新一代信息技术，贯穿设计、生产、管理与服务等制造活动各个环节，具有信息深度自感知、智慧优化自决策、精准控制自执行等功能的先进制造过程、系统和模式的总称。智能制造具有以智能工厂为载体、以关键制造环节智能化为核心、以端到端数据流为基础、以网络互联为支撑等特征，可有效满足产品的动态需求，缩短产品研制周期，降低运营成本，提高生产效率，提升产品质量，降低资源和能源消耗。

智能制造是一种集自动化、智能化和信息化于一体的制造模式，是信息技术特别是互联网技术与制造业的深度融合、创新集成，目前主要集中在智能设计（智能制造系统）、智能生产（智能制造技术）、智能管理、智能制造服务这四个关键环节，同时还包括一些衍生出来的智能制造产品。

1. 智能设计

智能设计是指应用智能化的设计手段及先进的数据交互信息化系统（CAX、网络化协同设计、设计知识库等）来模拟人类的思维活动，从而使计算机能够更多、更好地承担设计过程中的各种复杂任务，不断地根据市场需求设计多种方案，从而获得最优的设计成果和效益。

2. 智能生产

智能生产是指将智能化的软硬件技术、控制系统及信息化系统（分布式控制系统 DCS、分布式数控系统 DNC、柔性制造系统 FMS、制造执行系统 MES 等）应用到整个生产过程中，从而形成高度灵活、个性化、网络化的产业链。它也是智能制造的核心。

3. 智能管理

智能管理是指在个人智能结构与组织（企业）智能结构基础上实施的管理，既体现了以人为本，也体现了以物为支撑基础。它通过应用人工智能专家系统、知识工程、模式识别、人工神经网络等方法和技术，设计和实现产品的生产周期管理、安全、可追踪与节能等智能化要求。智能管理主要体现在与移动应用、云计算和电子商务的结合方面，是现代管理科学技术发展的新动向。

4. 智能制造服务

智能制造服务是指服务企业、制造企业、终端用户在智能制造环境下围绕产品生产和服务提供进行的活动。智能制造服务强调知识性、系统性和集成性，强调以人为本的精神，能够为用户提供主动、在线、全球化的服务。通过工业互联网，可以感知产品的状态，从而进行预防性维修维护，及时帮助用户更换备品备件；通过了解产品运行的状态，可帮助用户寻找商业机会；通过采集产品运营的大数据，可以辅助企业做出市场营销的决策。

（二）以传统技术为基础的智能制造体系

经典的管理技术如工业工程、精益生产、六西格玛管理体系等依然是智能制造管理的基石，任何系统在设计时都必须遵循相应的管理原则，这也是智能制造管理实施成功的关键所在。在智能制造中，需要将这些管理技术在系统中进行工具化和智能化，如我们在设计仓库管理系统（WMS）

时，有一个原则必须遵守，即先进先出，在流程设定、作业执行等环节必须遵循这一原则，并提供相应的自动化流程、预警防错和反馈机制。再如在进行整体规划或单一系统甚至单一模块设计时，必须遵守过程方法PDCA原则，形成闭环控制。

（三）设备联网系统是实现智能制造的重要手段

设备联网系统的核心指导思想是实现分布式控制，分为三个部分：设备联网通信、生产程序传输、数据采集与监控。

1. 设备联网通信

设备联网通信是设备联网控制的核心部分，通过设备网口或网络通信模块，对不同操作系统、不同性能的设备与服务器进行双向并发远程通信，以实现设备与服务器的数据通信。

2. 生产程序传输

在正常情况下，程序按照程序名放在不同的目录下，有时同一程序又往往存在不同的版本，这样查找所需的程序就较为困难，并且容易出现程序调用错误的情况。因此，联网系统必须做到能准确快速地调用相应生产程序，同时又要保证程序版本正确。

程序管理系统平台构架在客户端/服务器体系结构上，产品数据集中放置在服务器中以实现数据的集中和共享。程序管理系统包括产品结构树的管理、加工程序的流程管理、人员权限的管理、安全管理、版本管理、产品及设备管理。

3. 数据采集与监控

数据采集与监控模块负责设备实时信息的采集，包括远程监控设备状态（运行、空闲、故障、关机、维修等状态）、设备的运行参数（转速等），实时获知每台设备的当前加工产品状况、产品加工的工艺参数、工单信息等。

（四）智能工厂是智能制造载体

智能工厂利用设备联网技术和监控预警手段增强信息的准确性及实时性，并提高生产服务质量；让制程按照设定的流程工艺运行，具有高度的可控性，减少人为干预；具有采集、分析、判断、规划、推理预测功能，

通过生产仿真系统和可视化手段使制造情景实时呈现，并可以进行自行协调、自行优化；其形成是自下而上的过程，即人和智能设施、智能管理形成智能工序，多智能工序的集成形成智能产线，智能产线的集成形成智能车间，智能车间的集成形成智能工厂。

（五）智能运营模式是智能制造成功与否的关键因素

通过标准化流程体系的建立和三项集成实现智能运营模式。

1. 管理标准化

国内很多企业甚至一些规模比较大的企业，从开厂之初就在建立标准化工作，现在还是在做基础管理，其中问题之一就是标准化工作未落到实处。建立标准化流程，进行纵深推进，使之嵌入自动化、信息化系统中，实现流程自动化，是智能制造实现的基础工作之一。

标准化的建设可以帮助我们厘清思路和管理中千丝万缕的关系，指导日常的管理工作，使管理有序和效益最大化。标准化制定的前提是要守法遵章、有据可查，通过梳理现有流程、工艺、动作等进行查漏补缺，特别需对散乱、不协调的标准进行改善和精简。在标准化过程中还需要借鉴先进的管理思想，进行系统规划，以最少的标准覆盖全部业务。在标准化过程中，首先考虑管理的基本要素——人、机、料、法、环、管理、测量等；其次是任务流、数据流、物流、信息流和资金流；再者是要全过程、全方位地通盘考虑，覆盖全员。在建设时每个层次必须建立标准化，共性的标准要指导底层个性化标准，并有制约和协调作用。在建设的过程中，除了借鉴先进的管理模式，还必须突出领导作用，对标准化工作进行系统管理，运用过程方法，明确关键控制点，在运行的过程中不断进行合格评定和持续改进。

2. 网状集成

实现端到端横向和纵向的网状集成，是智能制造的基础。

（1）纵向集成

企业内部由于管理职能划分和组织的细化，导致信息系统围绕着不同的管理阶段和管理职能来展开，如采购系统、生产系统、销售系统和财务系统等，这些系统常常将一些完整的业务链划分成一个个管理单元。随着企业新部门的出现，其所应用的互联网技术也不同，开发队伍的经验、从事的服务范围限制、系统开发平台和工具的不统一，以及管理过程和管理系统的规范标准缺失，使各个信息系统之间的兼容性和集成性成为问题。一些“弊端”正迅速展露出来，其中重要的问题就是：不同的系统、应用、技术平台将企业陷在信息难以全面流通的“信息孤岛”之中，这些分散开发或引进的应用系统一般不会考虑统一数据标准或信息共享问题。企业由于追求“局部实用快上”的目标而导致“信息孤岛”不断产生，改变这种信息孤岛的局面有很大的困难，包括很多企业订单的处理、货物的运输调度、流水线生产的控制等都成为一时无法解决的难题。智能制造所要追求的就是在企业内部实现所有环节信息无缝连接，打破信息孤岛，这也是所有智能化的基础。如以产品模型为核心的垂直体系，应在企业内部建立有效的沟通渠道和统一的任务流、数据流、信息流、物流、资金流，进行全流程的信息贯通，将企业不同层面的 IT 系统集成在一起，消除“信息孤岛”现象，其中包括工人与班组、班组与部门、部门内部、部门与部门、分厂和总厂、子公司和集团公司之间的集成等。通过建立信息共享平台，任何节点可在平台上进行交互，并使之可视可控。

（2）横向集成

横向集成是以产品供应链为核心，通过价值链及信息网络进行资源整合，将企业内部和外部的 IT 系统进行无缝连接，建立社会化的分工协作，形成信息、物流、资源、数据协同体系，如企业内部的价值链重构、研发协同、供应链协同到不同企业间的价值链重构、研发协同、供应链协同，对资源、技术和信息进行合理化配置，实现包括内部的工程、计划、生产、供应链、销售及外部的市场、研发人员、供应商、外协商、经销商、终端客户等各个节点和角色之间的信息集成和共享。

（六）智能制造的意义

20 世纪以来，大规模的生产模式在全球制造领域中曾长期占据统治地位，促进了全球经济的飞速发展。在过去的 30 多年中，随着经济浪潮一次又一次的冲击，作为经济发展支柱的制造业也迎来了一次次生产方式的变革。

1. 智能制造是传统制造业转型发展的必然趋势

在经济全球化的推动下，发达国家最初是将制造企业的核心技术、核

心部门留在本土，将其他非核心部分、劳动密集型产业向低劳动力和原材料成本的发展中国家和地区转移。

由于发展中国家具有相对较低的劳动力和原材料成本，发达国家以便集中资源专注于对高新技术和产品的研发，也推动了传统制造业向先进制造业的转变。

但是，劳动力和原材料成本的逐年上涨，对传统制造业发展构成的压力在逐渐增大。此外，人们越来越意识到传统制造业对自然环境、生态环境的损害。受到资源短缺、环境压力、产能过剩等因素的影响，传统制造业不能满足时代要求，也纷纷向先进制造业转型升级。

随着世界经济和生产技术的迅猛发展，产品更新换代频繁，产品的生命周期大幅缩短，产品用户多样化、个性化、灵活化的消费需求也逐渐呈现出来。市场需求的不确定性越来越明显，竞争日趋激烈，这要求制造企业不但要具有对产品更新换代快速响应的能力，还要能够满足用户个性化、定制化的需求，同时具备生产成本低、效率高、交货快的优势，而之前大规模的自动化生产方式已不能满足这种时代进步的需求。

因此，全球兴起了新一轮的工业革命。生产方式上，制造过程呈现出数字化、网络化、智能化等特征；分工方式上，呈现出制造业服务化、专业化、一体化等特征；商业模式上，将从以制造企业为中心转向以产品用户为中心，体验和个性成为制造业竞争力的重要体现和利润的重要来源。

新的制造业模式利用先进制造技术与迅速发展的互联网、物联网等信息技术，计算机技术和通信技术的深度融合来助推新一轮的工业革命，从而催生了智能制造。智能制造已成为世界制造业发展的客观趋势，许多工业发达国家正在大力推广和应用。

2. 智能制造是实现我国制造业高端化的重要路径

虽然我国已经具备了成为世界制造大国的条件，但是制造业“大而不强”，面临着来自发达国家加速重振制造业与其他发展中国家以更低生产成本承接劳动密集型产业的“双重挤压”。就我国目前的国情而言，传统制造业总体上处于转型升级的过渡阶段，相当多的企业在很长时间内的主要模式仍然是劳动密集型，在产业分工中仍处于中低端环节，产业附加值低，产业结构不合理，技术密集型产业和生产性服务业都较弱。

在国际社会智能发展的大趋势下，国际化、工业化、信息化、市场化、智能化已成为我国制造业不可阻挡的发展方向。制造技术是任何高新技术的实现技术，只有通过制造业升级才能将潜在的生产力转化为现实生产力。在这样的背景下，我国必须加快推进信息技术与制造技术的深度融合，大力推进智能制造技术研发及其产业化水平，以应对传统低成本优势削弱所面临的挑战。此外，随着智能制造的发展，还可以应用更节能环保的先进装备和智能优化技术，从根本上解决我国生产制造过程的节能减排问题。

因此，发展智能制造既符合我国制造业发展的内在要求，也是重塑我国制造业新优势实现转型升级的必然选择，应该提升到国家发展目标的高度。

纵观智能制造概念与技术的发展，经历了兴起和缓慢推进阶段，直到2013年以来爆发式发展。究其原因有很多：其一，近几年来，世界各国都将智能制造作为重振和发展制造业战略的重要抓手；其二，随着以互联网、物联网和大数据为代表的信息技术的快速发展，智能制造的范畴有了较大扩展，以CPS、大数据分析为主要特征的“智能制造”已经成为制造企业转型升级的巨大推动力。

二、智能制造的内涵与特征

（一）智能制造的内涵

智能制造是“中国制造2025”的主攻方向，是实现中国制造业由大到强的关键路径。智能制造具有三个基本属性：对制造过程信息流和物流的自动感知和分析，对制造过程信息流和物流的自主控制，对制造过程的自主优化运行。智能制造是一个大的系统工程，要从产品、生产、模式基础四个维度系统推进。智能产品是主体，智能生产是主线，以用户为中心的产业模式变革是主题，信息物理系统CPS和工业互联网是基础。

智能制造是在网络化、数字化、智能化的基础上融入人工智能和机器人技术形成的人、机、物之间交互与深度融合的新一代制造系统。机包括各类基础设施，物包括内部和外部物流。网络化指人、机、物之间的互联互通；数字化指包含了产品设计、工艺、制造、生产、服务整个产品生命周期管理（PLM）过程的数字化研制体系；智能化指通过网络、大数据、物联网和人工智能等技术支持，自动地满足人、机、物的各种需求。智能

制造不仅是生产制造的概念，还要向前延伸到个性设计、向后推移到服务保障、向上上升到管理模式。

智能制造蕴含丰富的科学内涵（人工智能、生物智能、脑科学、认知科学、仿生学和材料科学等），是高新技术的制高点（物联网、智能软件、智能设计、智能控制、知识库、模型库等），汇聚了广泛的产业链和产业集群，是新一轮世界科技革命和产业革命的重要发展方向。

（二）智能制造的特征

智能制造的特征包括：实时感知、自我学习、计算预测、分析决策、优化调整。

1. 实时感知

智能制造需要大量的数据支持，利用高效、标准的方法进行数据采集、存储、分析和传输，实时对工况进行自动识别和判断、自动感知和快速反应。

2. 自我学习

智能制造需要不同种类的知识，利用各种知识表示技术和机器学习、数据挖掘与知识发现技术，实现面向产品全生命周期的海量异构信息的自动提炼，得到知识并升华为智能策略。

3. 计算预测

智能制造需要建模与计算平台的支持，利用基于智能计算的推理和预测，实现诸如故障诊断、生产调度、设备与过程控制等制造环节的表示与推理。

4. 分析决策

智能制造需要信息分析和判断决策的支持，利用基于智能机器和人的行为的决策工具和自动化系统，实现诸如加工制造、实时调度、机器人控制等制造环节的决策与控制。

5. 优化调整

智能制造需要在生产环节中不断优化调整，利用信息的交互和制造系统自身的柔性，实现对外界需求、产品自身环境、不可预见的故障等变化的及时优化调整。

三、智能制造关键技术

智能制造在制造业中的不断推进发展，对制造业中从事设计、生产、管理和服务的应用型专业人才提出了新的挑战。他们必须掌握智能工厂制造运行管理等信息化软件，不但要会应用，还要能根据生产特征、产品特点进行一定的编程、优化。

智能制造要求在产品全生命周期的每个阶段实现高度的数字化、智能化和网络化，以实现产品数字化设计、智能装备的互联与数据的互通、人机的交互以及实时的判断与决策。工业软件的大量应用是实现智能制造的核心与基础，这些软件主要有计算机辅助设计（CAD）、计算机辅助制造（CAM）、计算机辅助工艺（CAPP）、企业资源管理（ERP）制造执行系统（MES）、产品生命周期管理（PLM）等。

除工业软件外，工业电子技术、工业制造技术和新一代信息技术都是构建智能工厂、实现智能制造的基础。应用型专业人才在掌握传统学科专业知识与技术的同时，还必须熟练掌握及应用这几种智能制造关键技术，以适应未来智能制造岗位的需求。

工业电子技术集成了传感、计算和通信三大技术，解决了智能制造中的感知、大脑和神经系统问题，为智能工厂构建了一个智能化、网络化的信息物理系统。它包括现代传感技术、射频识别技术、制造物联技术、定时定位技术，以及广泛应用的可编程控制器、现场可编程门阵列技术（FPGA）和嵌入式技术等。

工业制造技术是实现制造业快速、高效、高质量生产的关键。智能制造过程中，以技术与服务创新为基础的高新化制造技术需要融入生产过程的各个环节，以实现生产过程的智能化，提高产品生产价值。工业制造技术主要包括高端数控加工技术、机器人技术、满足极限工作环境与特殊工作需求的智能材料生产技术、基于3D打印的智能成形技术等信息技术主要解决制造过程中离散式分布的智能装备间的数据传输、挖掘、存储和安全等问题，是智能制造的基础与支撑。新一代信息技术包括人工智能、物联网、互联网、工业大数据、云计算、云存储、知识自动化、数字孪生技术及产品数字孪生体、数据融合技术等。

（一）智能制造装备及其检测技术

在具体的实施过程中，智能生产、智能工厂、智能物流和智能服务是智能制造的四大主题，在智能工厂的建设方案中，智能装备是其技术基础，随着制造工艺与生产模式的不断变革，必然对智能装备中测试仪器仪表等检测设备的数字化、智能化提出新的需求，促进检测方式的根本变化。检测数据将是实现产品、设备、人和服务之间互联互通的核心基础之一，如机器视觉检测控制技术具有智能化程度高和环境适应性强等特点，在多种智能制造装备中得到了广泛的应用。

（二）工业大数据

工业大数据是智能制造的关键技术，主要作用是打通物理世界和信息世界，推动生产型制造向服务型制造转型。

智能制造需要高性能的计算机和网络基础设施，传统的设备控制和信息处理方式已经不能满足需要。应用大数据分析系统，可以对生产过程数据进行分析处理。鉴于制造业已经进入大数据时代，智能制造还需要高性能计算机系统和相应网络设施。云计算系统提供计算资源专家库，通过现场数据采集系统和监控系统，将数据上传云端进行处理、存储和计算，计算后能够发出云指令，对现场设备进行控制（例如控制工业机器人）。

（三）数字制造技术及柔性制造、虚拟仿真技术

数字化就是制造要有模型，还要能够仿真，这包括产品的设计、产品管理、企业协同技术等。总而言之，就是数字化是智能制造的基础，离开了数字化就根本谈不上智能化。

柔性制造技术是建立在数控设备应用基础上并正在随着制造企业技术进步而不断发展的新兴技术，它和虚拟仿真技术一道在智能制造的实现中，扮演着重要的角色。虚拟仿真技术包括面向产品制造工艺和装备的仿真过程、面向产品本身的仿真和面向生产管理层面的仿真。从这三方面进行数字化制造，才能实现制造产业的彻底智能化。

增强现实技术（Augmented Reality，AR），它是一种将真实世界信息和虚拟世界信息“无缝”集成的新技术，是把原本在现实世界的一定时间空

间范围内很难体验到的实体信息（视觉、声音、味道、触觉等信息）通过计算机等科学技术，模拟仿真后再叠加，将虚拟的信息应用到真实世界，被人类感官所感知，从而达到超越现实的感官体验。真实的环境和虚拟的物体实时地叠加到了同一个画面或空间同时存在。增强现实技术，不但展现了真实世界的信息，而且将虚拟的信息同时显示出来，两种信息相互补充、叠加。增强现实技术包含了多媒体、三维建模、实时视频显示及控制、多传感器融合、实时跟踪及注册、场景融合等新技术与新手段。

（四）传感器技术

智能制造与传感器紧密相关。现在各式各样的传感器在企业里用得很多，有嵌入的、绝对坐标的、相对坐标的、静止的和运动的，这些传感器是支持人们获得信息的重要手段。传感器用得越多，人们可以掌握的信息越多。传感器很小，可以灵活配置，改变起来也非常方便。传感器属于基础零部件的一部分，它是工业的基石、性能的关键和发展的瓶颈。传感器的智能化、无线化、微型化和集成化是未来智能制造技术发展的关键之一。

当前，大型生产企业工厂的检测点分布较多，大量数据产生后被自动收集处理。检测环境和处理过程的系统化提高了制造系统的效率，降低了成本。将无线传感器系统应用于生产过程中，将产品和生产设施转换为活性的系统组件，以便更好地控制生产和物流，它们形成了信息物理相互融合的网络体系。无线传感网络分布于多个空间，形成了无线通信计算机网络系统，主要包括物理感应、信息传递、计算定位三个方面，可对不同物体和环境做出物理反应，例如温度、压力、声音、振动和污染物等。无线数据库技术是无线传感器系统的关键技术，包括查询无线传感器网络、信息传递网络技术、多次跳跃路由协议等。

（五）人工智能技术

人工智能（Artificial Intelligence，AI）是研发用于模拟、延伸和扩展人的智能的理论、方法、技术及应用系统的科学。它企图了解智能的实质，并生产出一种新的能以人类智能相似的方式做出反应的智能机器，该领域的研究包括机器人、语言识别、图像识别、自然语言处理和专家系统、神经科学等。

四、智能制造国内外发展状况

（一）欧洲智能制造

1. 德国工业 4.0

德国政府推出的《德国 2020 高技术战略》中提出了十大未来项目，其中最重要的一项就是工业 4.0。汉诺威工业博览会之后，德国“工业 4.0”工作组发表的《保障德国制造业的未来：关于实施“工业 4.0”战略的建议》报告正式将工业 4.0 提升为国家战略，旨在支持工业领域新一代革命性技术的研发与创新，德国政府为此投入达 2 亿欧元。

德国将制造业领域技术的发展进程用工业革命的 4 个阶段来表示，工业 4.0 就是第四次工业革命。

（1）工业 1.0——机械制造时代 18 世纪 60 年代至 19 世纪中期，水力和蒸汽机实现的工厂机械化代替了人类的手工劳动，经济社会从以农业手工业为基础转型成为以工业及机械为基础。

（2）工业 2.0——电气化与自动化时代

19 世纪后半期至 20 世纪初，采用电力驱动产品和大规模的分工合作模式开启了制造业的第二次革命。零部件生产与产品装配的成功分离，开创了产品批量生产的新模式。

（3）工业 3.0——电子信息化时代

工业 3.0 始于 20 世纪 70 年代并延续至今，在升级工业 2.0 的基础上，广泛应用电子与信息技术，使制造过程自动化控制程度进一步大幅度提高，机器能够逐步替代人类作业。

（4）工业 4.0——实体物理世界与虚拟网络世界融合的时代

德国学术界和产业界认为，未来 10 年，基于信息物理系统（Cyber-Physical System，CPS）的智能化，将使人类步入以智能制造为主导的第四次工业革命。产品全生命周期、全制造流程的数字化以及基于信息通信技术的模块集成，将形成高度灵活的个性化、数字化的产品与服务的生产模式。

“工业 4.0”战略的核心就是通过 CPS 实现人、设备与产品的实时连通、相互识别和有效交流，从而构建一个高度灵活的个性化、数字化的智能制造模式。人、事、物都在一个“智能化、网络化的世界”里，物联网和互联网（服务互联网技术）将渗透到所有的关键领域。

在这种模式下，生产由集中向分散转变，产业链分工将重组，传统的行业界限将消失。将现有的工业相关技术、销售与产品体验综合起来，使产品生产由之前的趋同性向个性化转变，未来产品完全可以按照个人意愿进行生产，成为自动化、个性化的单件制造。用户由部分参与向全程参与转变，能够广泛、实时地参与到生产和价值创造的全过程中去。

2. 英国的“高值制造”

欧洲另一代表性国家英国提出了“高值制造”。

英国是第一次工业革命的起源国家，20 世纪 80 年代之后，英国逐渐向金融、数字创意等高端服务产业发展，制造业发展放缓。2008 年金融危机后，英国制造业开始回归。英国政府科学办公室推出的《英国工业 2050 战略》，被看作“英国版的工业 4.0”。

《英国工业 2050 战略》提出，制造业并不是传统意义上的“制造之后再销售”，而是“服务再制造（以生产为中心的价值链）”。“高值制造”就是高附加值的制造，是一场制造业的革命，通过信息通信技术、新工具、新方法、新材料等与产品和生产网络的融合，极大地改变了产品的设计、制造、提供甚至使用方式。英国政府科学办公室将其定义为：由新技术、新方法和新材料驱动，同时伴之以基于 3D 打印技术的本地化定制生产，走向产品加服务的商业模式。它的产业形态是按需制造、分布式制造和产品服务化，技术形态是新兴技术群、数据网和智能基础设施，整个制造形态和商业模式都在发生变革。

（二）美国的先进制造（再工业化）

为重塑美国制造业在全球的竞争优势，美国国家科学技术委员会发布的《先进制造业国家战略计划》对未来的制造业发展进行了重新规划，依托新一代信息技术和新材料、新能源等创新技术，加快发展技术密集型先进制造业。美国政府也提出了“再工业化”来重振美国制造业，重塑制造业全球竞争优势。

根据美国总统科学技术顾问委员会的定义，“先进制造”是基于信息协同、自动化、计算、软件、传感、网络和/或使用尖端先进材料和物理及生

物领域科技的新原理的一系列活动，“先进制造”与数字革命相关联。当前的数字革命有三个特征：计算能力持续增长；通信和分析能力快速提高；机器人技术和控制系统不断进步。“先进制造”包括先进产品的制造，还包括先进的、基于信息通信技术的生产过程。智能制造主要指后者，即现代生产制造过程的各个环节中信息技术的应用过程。

与德国不同，美国将“工业 4.0”概念称为“工业互联网”。美国通用电气公司（GE）发布的《工业互联网：突破智慧和机器的界限》正式提出“工业互联网”概念。它倡导将人、数据和机器连接起来，形成开放而全球化的工业网络。工业互联网系统由智能设备、智能系统和智能决策三大核心要素构成，是数据流、硬件、软件和智能的交互。由智能设备和网络收集并存储数据，利用大数据分析工具进行数据分析和可视化，由此产生的“智能信息”可以由决策者在必要时进行实时判断处理，成为大范围工业系统中工业资产优化战略决策过程的一部分。

作为先进制造业的重要组成部分，以先进传感器、工业机器人、先进制造测试设备等为代表的智能制造，得到了美国政府、企业各个层面的高度重视。而且，约束美国制造业发展的一大因素是居高不下的劳动力成本，智能制造的发展能够大幅减少制造业的用工需求，使制造业的劳动力成本降低，从而使美国的科技优势进一步转化为产业优势。

（三）“中国制造 2025”

“中国制造 2025”是中国版的“工业 4.0”规划，是我国实施制造强国战略的第一个十年的行动纲领。

建设制造强国，必须紧紧抓住当前难得的战略机遇，积极应对挑战，加强统筹规划，突出创新驱动，制定特殊政策，发挥制度优势，动员全社会力量奋力拼搏，更多依靠中国装备、依托中国品牌，实现中国制造向中国创造的转变，中国速度向中国质量的转变，中国产品向中国品牌的转变，完成中国制造由大变强的战略任务。

“中国制造 2025”指导思想是坚持走中国特色新型工业化道路，以促进制造业创新发展为主题，以提质增效为中心，以加快新一代信息技术与制造业深度融合为主线，以推进智能制造为主攻方向，以满足经济社会发展和国防建设对重大技术装备的需求为目标，强化工业基础能力，提高综合集成水平，完善多层次、多类型人才培养体系，促进产业转型升级，培育有中国特色的制造文化，实现制造业由大变强的历史跨越。

实现制造强国的战略目标，必须坚持问题导向，统筹规划，突出重点；必须凝聚行业共识，加快制造业转型升级，全面提高发展质量和核心竞争力。立足国情，立足现实，力争通过“三步走”战略实现制造强国的战略目标。

第一步：用十年时间，迈入制造强国行列。2020 年，基本实现工业化，制造业大国地位进一步巩固，制造业信息化水平大幅提升。掌握一批重点领域关键核心技术，优势领域竞争力进一步增强，产品质量有较大提高。制造业数字化、网络化、智能化取得明显进展。重点行业单位工业增加值能耗、物耗及污染物排放明显下降。

到 2025 年，制造业整体素质大幅提升，创新能力显著增强，全员劳动生产率明显提高，两化（工业化和信息化）融合迈上新台阶。重点行业单位工业增加值能耗、物耗及污染物排放达到世界先进水平。形成一批具有较强国际竞争力的跨国公司和产业集群，在全球产业分工和价值链中的地位明显提升。

第二步：到 2035 年，我国制造业整体达到世界制造强国阵营中等水平。创新能力大幅提升，重点领域发展取得重大突破，整体竞争力明显增强，优势行业形成全球创新引领能力，全面实现工业化。

第三步：新中国成立一百年时，制造业大国地位更加巩固，综合实力进入世界制造强国前列。制造业主要领域具有创新引领能力和明显竞争优势，建成全球领先的技术体系和产业体系。

“中国制造 2025”的核心内容是加快推动新一代信息技术与制造技术融合发展，把智能制造作为两化深度融合的主攻方向，着力发展智能装备和智能产品，推进生产过程智能化，培育新型生产方式，全面提升企业研发、生产、管理和服务的智能化水平。（1）研究制定智能制造发展战略。（2）加快发展智能制造装备和产品。（3）推进制造过程智能化。（4）深化互联网在制造领域的应用。（5）加强互联网基础设施建设。

“中国制造 2025”瞄准新一代信息技术、高端装备、新材料、生物医药等战略重点，引导社会各类资源集聚，推动优势和战略产业快速发展。特别是在以下产业加大扶持力度，力求与发达国家比肩。（1）新一代信息

技术产业。(2) 高档数控机床和机器人。(3) 航空航天装备。(4) 海洋工程装备及高技术船舶。(5) 先进轨道交通装备。(6) 节能与新能源汽车。(7) 电力装备。(8) 农机装备。(9) 新材料。(10) 生物医药及高性能医疗器械。

五、智能制造技术体系

(一) 智能制造体系

智能制造是一种全新的智能能力和制造模式，核心在于实现机器智能和人类智能的协同，实现生产过程中自感知、自适应、自诊断、自决策、自修复等功能。从结构方面，智能工厂内部灵活可重组的网络制造系统的纵向集成，将不同层面的自动化设备与IT系统集成在一起。

从系统层级方面，完整的智能制造系统主要包括5个层级：包括设备层、控制层、车间层、企业层和协同层。

在智能制造系统中，其控制层级与设备层级涉及大量测量仪器、数据采集等方面的需求，尤其是在进行车间内状态感知、智能决策的过程中，更需要实时、有效的检测设备作为辅助，所以智能检测技术是智能制造系统中不可缺少的关键技术，可以为上层的车间管理、企业管理与协同层级提供数据基础。

智能制造体系是管理综合体，实现了虚拟与现实、设备与设备、地域/组织与管理、作业与管理、信息化与自动化、产品与服务的融合。

1. 虚拟与现实的融合

实现物料工厂与制造平台、管理平台的集成：利用计算机技术将物流、供应链、设计、工艺、制造、测试等通过虚拟环境，与厂房、车间、设备、路线、用户环境等现实进行融合，使之相互作用、相互影响，展现执行需求条件、过程及结果，从而对制造管理提供前期的策略支持，提高对市场的反应能力，有效提升效率，降低生产成本。

实现客户需求、客户定制、产品设计、产品工艺、供应商协作、制造技术、测试技术、网络集成等跨平台系统之间的集成。

利用人体工程学、生物科学、多媒体技术、网络技术等在计算机中建立虚拟环境，借助于专业的设备使用户进入虚拟世界，感知、操作虚拟空间的各种对象，通过触觉、嗅觉、听觉、视觉等获得身临其境的产品体验。

通过对用户自身条件的3D扫描采集，生成设计、制造数据，让客户体验个性化定制服务，如服装行业、鞋业，可通过对人体的扫描实现个性化定制。

2. 设备与设备的融合

通过设备与控制器的组合，实现数据的缓冲、差错控制、数据交互、设备状态标识与回报、接收和识别加工指令、为数据采集提供识别地址等。

通过控制器与工业软件的集成，对设备、机群、流水线实现逻辑及顺序控制；对各种仪器仪表的模拟量进行过程控制及转换，实现对机器人电梯、加工中心的运动控制；对设备的运行数据、工艺数据进行采集、分析、自动比对、处理，完成过程控制。设备与设备、人与设备、移动网络与设备之间通过通信连接的技术和手段，使设备互联互通、互相制约，使人设备、系统协同作业，实现流程自动化。

3. 地域/组织与管理的融合

通过岗位与岗位之间的互联互通，进行互锁反应，防止异常的发生，如在生产中上一岗位对下一岗位信息的精确推送和生产跳序的防错预警；通过产线与产线的集成，可随时掌握产线与其相关联产线的生产状况，对异常的发生可实时进行监控预警，出现异常能第一时间发现，提前采取防范措施，避免频繁调度、换线等异常，造成工时、人力、设备能力的浪费；通过车间与车间的集成，实现车间之间的信息共享，建立规范、健康的内部生产运作；通过部门与部门之间的集成和信息共享，对生产异常事件快速地判断、通知、响应、处理。中高层主管可以实时了解生产状况、异常处理状态，必要时可进行协助处理，可以随时随地了解运营状况，并及时调整制造策略；总部可以实时了解各个分公司的运营状况，根据实时监控的运营状况，进行远程指令的发送及指令执行反馈与监控，并进行策略的调整，也可以通过远程对设备进行控制及诊断。通过地域/组织与管理的融合，建立数据共享平台，大大提升了工作效率，有效降低了成本。

4. 作业与管理的融合

通过资源计划、生产计划、供应体系、制造体系的融合，可以根据客户需求、供应体系供应能力、公司能力对资源计划、客户需求及预测进行综合评估，寻找最优制造模型，如最低的库存、最优效率、最短交期、最

低成本等。

研发体系提供研发技术，制造体系完成产品，同时制造体系的生产数据、工艺参数、设备运行参数、质量数据等，客服部门的客户体验、客户应用、客户投诉、客户退货，供应商提供的零组件的性能参数数据等，为研发体系、制造体系、服务体系提供改善的基础数据，使管理与数据相辅相成，互为补充。

在生产执行过程中，生产计划的制定需要大量的实时信息：客户订单、客户交期、物料需求、库存状况、采购状态、来料收货状况、生产进度质量状况、设备状况、人员状况、事件信息及处理进度等。实施计划作业必须与执行状况进行无缝融合，避免信息不透明，造成计划作业困扰。

实时了解供应体系的状况，如供应商库存、生产计划、生产订单执行状况、物流状况等，对供应进行管理，避免断料等异常。

服务体系所收集的服务信息，如客户的抱怨、投诉、退货、应用体验、评价等，为产品升级、产品生产提供改善依据。

智能制造体系运作产生大量精细化成本数据，通过对其分析，对财务目标、财务预算等进行实时的监控预计，为企业运营策略改善提供依据。

5. 信息化与自动化的融合

智能制造体系需实现系统之间的融合（自动化与信息化），实现执行层与运营层、运营层与决策层的信息化软件系统融合。

通过自动化的应用，提升操作安全性，降低劳动强度，提升效率，减少人为差错，降低企业用工成本；信息化的应用使数据可以共享，提升管理效率和透明度，降低管理人员劳动强度，改善制造组织架构。自动化是信息化的基础，信息化是自动化的目标，通过两者的融合，将设备层与执行层、运营层、决策层进行无缝对接，使企业资源管理更加高效，使动态过程变得更加透明、可控，提升了企业管理水平，增强了企业竞争力。

6. 产品与服务的融合

产品与服务的融合主要体现在以下几个方面。

（1）以外部协作商产品为主，服务客户

设备厂家对设备远程监控，通过监控获得设备的运行参数，对参数进行分析，以更专业的角度提供设备运营管理建议，同时也为设备的升级提供参考。如供应商、外协商为客户提供实时库存数据、外协商加工与库存数据信息，使客户供应体系更加透明。

(2) 以企业产品为主，服务外部客户

以企业产品为主，建立完善的客户服务体系，如产品的上下游协作研发、产品应用生命周期的指导及跟踪、客户对产品的投诉及退货、未来产品的研发与服务等。比如新能源汽车电池未来的服务模式不单是提供产品，在产品应用时还通过通信技术手段，实现对电池充电次数记录、充电的安全环境检测、应用里程预计、电池寿命检测、保养周期提醒等功能。

(3) 以企业内部产品制造为主，服务内部客户

以产品的制造工艺为主线，建立企业内部制造管理体系。

(二) 智能制造系统框图

智能制造通过智能制造系统应用于智能制造领域，在“互联网+人工智能”的背景下，智能制造系统具有自主智能感知、互联互通、协作、学习、分析、认知、决策、控制和执行整个系统和生命周期中人、机器、材料、环境和信息的特点。智能制造系统一般包括资源及能力层、泛在网络层、服务平台层、智能云服务应用层及安全管理和标准规范系统。

1. 资源及能力层

资源及能力层包括制造资源和制造能力。(1) 硬制造资源，如机床、机器人、加工中心、计算机设备、仿真测试设备、材料和能源。(2) 软制造资源，如模型、数据、软件、信息和知识。(3) 制造能力，包括展示、设计、仿真、实验、管理、销售、运营、维护、制造过程集成及新的数字化、网络化、智能化制造互联产品。

2. 泛在网络层

泛在网络层包括物理网络层、虚拟网络层、业务安排层和智能感知及接入层。

(1) 物理网络层

主要包括光宽带、可编程交换机、无线基站、通信卫星、地面基站、飞机、船舶等。

(2) 虚拟网络层

通过南向和北向接口实现开放网络，用于拓扑管理、主机管理、设备管理、消息接收和传输、服务质量 (QoS) 管理和 IP 协议管理。

(3) 业务安排层

以软件的形式提供网络功能，通过软硬件解耦合功能抽象，实现新业务的快速开发和部署，提供虚拟路由器、虚拟防火墙虚拟广域网（WAN）、优化控制、流量监控、有效负载均衡等。

(4) 智能感知及接入层

通过射频识别（RFID）传感器，无线传感器网络，声音、光和电子传感器及设备，条码及二维码，雷达等智能传感单元以及网络传输数据和指令来感知诸如企业、工业、人、机器和材料等对象。

3. 服务平台层

服务平台层包括虚拟智能资源及能力层、核心智能支持功能层和智能用户界面层。

(1) 虚拟智能资源及能力层

提供制造资源及能力的智能描述和虚拟设置，把物理资源及能力映射到逻辑智能资源及能力上以形成虚拟智能资源及能力层。

(2) 核心智能支持功能层

由一个基本的公共云平台和智能制造平台，分别提供基础中介软件功能，如智能系统建设管理、智能系统运行管理、智能系统服务评估、人工智能引擎和智能制造功能（如群体智能设计大数据和基于知识的智能设计、智能人机混合生产、虚拟现实结合智能实验）、自主管理智能化、智能保障在线服务远程支持。

(3) 智能用户界面层

广泛支持用于服务提供商、运营商和用户的智能终端交互设备，以实现定制的用户环境。

4. 智能云服务应用层

智能云服务应用层突出了人与组织的作用，包括四种应用模式：单租户单阶段应用模式、多租户单阶段应用模式、多租户跨阶段协作应用模式和多租户点播以获取制造能力模式。在智能制造系统的应用中，它还支持人、计算机、材料、环境和信息的自主智能感知、互联、协作、学习、分析、预测、决策、控制和执行。

5. 安全管理和标准规范

安全管理和标准规范包括自主可控的安全防护系统，以确保用户识别、资源访问与智能制造系统的数据安全，标准规范的智能化技术及对平台的访问、监督、评估。

显然，智能制造系统是一种基于泛在网络及其组合的智能制造网络化服务系统，它集成了人、机、物、环境、信息，并为智能制造和随需应变服务在任何时间和任何地点提供资源和能力。它是基于“互联网（云）加上用于智能制造的资源和能力”的网络化智能制造系统，集成了人、机器和商品。

第一个层次是支撑智能制造、亟待解决的通用标准与技术。

第二个层次是智能制造装备。这一层的重点不在于装备本体，而更应强调装备的统一数据格式与接口。

第三个层次是智能工厂、车间。按照自动化与 IT 技术作用范围，划分为工业控制和生产经营管理两部分。工业控制包括 DCS、PLC、FCS 和 SCADA 系统等工控系统，在各种工业通信协议、设备行规和应用行规的基础上，实现设备及系统的兼容与集成。生产经营管理在 MES 和 ERP 的基础上，将各种数据和资源融入全生命周期管理，同时实现节能与工艺优化。

第四个层次实现制造新模式，通过云计算、大数据和电子商务等互联网技术，实现离散型智能制造、流程型智能制造、个性化定制、网络协同制造与远程运维服务等制造新模式。

第五个层次是上述层次技术内容在典型离散制造业和流程工业的实现与应用。

（三）智能制造涉及的主要技术

智能制造主要由通用技术、智能制造平台技术、泛在网络技术、产品生命周期智能制造技术及支撑技术组成。

1. 通用技术

通用技术主要包括智能制造体系结构技术、软件定义网络（SDN）系统体系结构技术、空地系统体系结构技术、智能制造服务的业务模型、企业建模与仿真技术、系统开发与应用技术、智能制造安全技术、智能制造评价技术、智能制造标准化技术。

2. 智能制造平台技术

智能制造平台技术主要包括面向智能制造的大数据网络互联技术，智

能资源及能力传感和物联网技术，智能资源及虚拟能力和服务技术，智能服务、环境建设、管理、操作、评价技术，智能知识、模型、大数据管理、分析与挖掘技术，智能人机交互技术及群体智能设计技术，基于大数据和知识的智能设计技术，智能人机混合生产技术，虚拟现实结合智能实验技术，自主决策智能管理技术和在线远程支持服务的智能保障技术。

3. 泛在网络技术

泛在网络技术主要由集成融合网络技术和空间空地网络技术组成。

4. 产品生命周期智能制造技术

智能制造技术产品生命周期智能制造技术主要由智能云创新设计技术、智能云产品设计技术、智能云生产设备技术、智能云操作与管理技术、智能云仿真与实验技术、智能云服务保障技术组成。

5. 支撑技术

支撑技术主要包括 AI 2.0 技术、信息通信技术（如基于大数据的技术、云计算技术、建模与仿真技术）、新型制造技术（3D 打印技术、电化学加工等）、制造应用领域的专业技术（航空、航天、造船、汽车等行业的专业技术）。

（四）《中国机械工程技术路线图》之智能制造

《中国机械工程技术路线图》智能制造的技术体系主要包括制造智能技术、智能制造装备、智能制造系统、智能制造服务、智能制造工厂。

1. 制造智能技术

制造智能技术主要包括智能感知与测控网络技术、知识工程技术、计算智能技术、大数据处理与分析技术、智能控制技术、智能协同技术、人机交互技术等。工业互联网、大数据和云计算技术为制造智能的实现提供了一个动态交互、协同操作、异构集成的分布计算平台。智能感知、工业互联网与人机交互是智能制造的基石；大数据和知识是智能制造的核心；推理是智能制造的灵魂，是系统智慧的直接体现。

制造智能的关键技术主要有：（1）感知、物联网与工业互联网技术；（2）大数据、云计算与制造知识发现技术；（3）面向制造大数据的综合推理技术；（4）图形化建模、规划、编程与仿真技术；（5）新一代人机交互技术。

2. 智能制造装备

智能制造装备相关关键技术主要有：（1）装备运行状态和环境的感知与识别技术；（2）基于大数据的性能预测和主动维护技术；（3）大数据多条件约束下的精确工艺规划与自动编程技术；（4）智能数控系统技术与智能伺服驱动技术；（5）基于工业大数据的智能制造装备共性技术；（6）智能装备嵌入式系统、智能装备控制系统、智能装备人机交互系统、智能增材制造装备、智能工业机器人、其他智能装备等六项智能装备相关标准的建立。

3. 智能制造系统

智能制造系统是一种由智能机器和人类专家共同组成的人机一体化智能系统，它在制造过程中能进行诸如分析、推理、判断、构思和决策等智能活动。通过人与智能机器的合作共事，扩大、延伸和部分地取代人类专家在制造过程中的脑力劳动。智能制造系统有：大批量定制智能制造系统、精密超精密电子制造系统、绿色智能连续制造关键技术与系统、无人化智能制造系统。

智能制造系统的关键技术有：（1）制造系统建模与自组织技术；（2）智能制造执行系统技术；（3）智能企业管控技术；（4）智能供应链管理技术；（5）智能控制技术；（6）信息物理融合技术。

4. 智能制造服务

制造服务包含产品服务和生产性服务。前者指制造企业对产品售前、售中及售后的安装调试、维护、维修、回收、再制造、客户关系的服务，强调产品与服务相结合；后者指与企业生产相关的技术服务、信息服务、物流服务、管理咨询、商务服务、金融保险服务、人力资源与人才培训服务等，为企业非核心业务提供外包服务。智能制造服务采用智能技术、新兴信息技术（物联网、社交网络、云计算、大数据技术等）提高服务状态/环境感知，以及服务规划、决策和控制水平，提升服务质量，扩展服务内容，促进现代制造服务业这一新的产业业态的不断发展和壮大。

智能制造服务发展表现为：重大装备远程可视化智能服务平台、生产性服务智能运控平台、智能云制造服务平台、面向中小企业的公有云制造服务平台、社群化制造服务平台具有较大的市场需求。

制造智能服务的关键技术有：（1）服务状态/环境感知与控制的互联技

术；（2）工业产品智能服务技术；（3）生产性服务过程的智能运行与控制技术；（4）虚拟化云制造服务综合管控技术；（5）海量社会化服务资源的组织与配置技术。

5. 智能制造工厂

智能制造工厂将智能设备与信息技术在工厂层级完美融合，涵盖企业的生产、质量、物流等环节，是智能制造的典型代表，主要解决工厂、车间和生产线以及产品的设计到制造实现的转化过程。智能工厂发展模式有：复杂产品研发制造一体化智能工厂、精密产品生产管控智能化工厂包装生产机器人化智能工厂和家电产品个性化定制智能工厂。

智能工厂关键技术有：（1）基于工业互联网的制造资源互联技术；（2）智能工厂制造大数据集成管理技术；（3）面向业务应用的制造大数据分析技术；（4）大数据驱动的制造过程动态优化技术；（5）制造云服务敏捷配置技术。

第二节　智能制造的设计

一、智能设计概述

进入信息时代以来，以设计标准规范为基础，以软件平台为表现形式，在信息技术、计算机技术、知识工程和人工智能技术等相关技术的不断交叉融合中形成和发展的计算机辅助智能设计技术，已经成为现代设计技术最重要的组成部分之一，无论从事创新设计还是生态化设计，从事保质设计还是工业设计，或者进行组合化系列化设计，都需要经历建模、综合、分析、优化和协同等关键环节。智能设计就是要通过人工智能与人类智能相融合，通过人与计算机的协同，高效率地集成地实现上述环节，完成能全面满足用户需求的产品的生命周期设计。上海自 20 世纪 90 年代开始，以 C3P（CAD/CAE/CAM/PDM）为代表的计算机辅助设计工具在工业界普及，产生了巨大的经济和社会效益。近十年来，以 M3P 为代表的面向多体系统的动态设计、基于多学科协同集成框架的优化设计、基于本构融合的多领域物理建模，以及全生命周期管理等技术和平台工具开始用机、电、液、控数字化功能样机的研发，成为当前技术研究、开发和应用的时代特征。但是随着产品复杂性的不断提高，现有 CAD/CAE 技术和工具无法从数学本构上提供产品功能和性能描述所需要的状态空间，难以满足复杂产品多领域多学科物理集成分析和协同优化的需要，采用“软件封装知识，知识依赖软件”的开发模式限制了知识和软件两方面的发展与应用。在计算机辅助设计知识挖掘、提炼和使用，尤其在计算机辅助设计认知、创新思维、优化搜索、评价与决策等方面的研究进展还比较慢。

欧洲学者研发的下一代多领域统一建模语言 Modelica 能够实现复杂系统的不同领域子系统模型间的无缝集成。以美国为首的计算、控制、信息领域学者共同提出了信息物理系统融合（Cyber Physical System，CPS），旨在统一框架下实现计算、通信测量以及物理等多领域装置的统一建模、仿真分析与优化。

（一）智能设计的产生及其领域

设计的本质是功能到结构的映射，包括基于数学模型的计算型工作和基于知识模型的推理型工作。目前的 CAD 技术能很好地完成前者，但对于后者却难以胜任。产品设计是人的创造力与环境条件交互作用的复杂过程，难以对其建立精确的数学模型并求解，需要设计者运用多学科知识和实践经验，分析推理、运筹决策、综合评价，才能取得合理的结果。因此，为了对设计的全过程提供有效的计算机支持，传统 CAD 系统需要扩展为智能 CAD 系统，也就是以知识处理为核心的 CAD 系统，其领域包括以下四个方面的内容。

1. *自动方案生成*

自动方案生成由于减少了大量的人机交互步骤，充分发挥了计算机的速度，使得设计效率高。另外，自动方案生成系统有时还能生成设计者意想不到的设计效果，表现出一定的创造性，从而激发人类设计的灵感。

2. *智能交互*

传统的图形交互技术，计算机处于绝对的被动状态，所谓“拨一拨，动一动”，操作呆板而繁琐。采用 AI 技术后，系统可以根据用户输入的信息自动获得更多的所需信息，从而使交互变得更简便。另外，结合数据库技术和自然语言理解，计算机只要接受用户简短的语言描述，就可以获取所要输入图形的性质。随着语音处理技术的发展，智能交互的功能将更加

突出。

3. 智能显示

在设计方案的最终输出时，计算机自动地搭配色彩，则可极大地方便设计者进行评测。同时结合 AI 技术，可以从速度和质量两方面改善图形的生成。使用色彩规律的知识表达和推理方法，能对实体体素迅速地进行明暗描绘，而且又便于各种效果的控制，从而可使显示灵活、迅速和可交互，非常适合于 CAD 系统的图形绘制和实际设计需要。

4. 自动获取数据

扫描工程图样并以图像形式存储，智能 CAD 系统对该图像进行矢量化和图形及符号的识别，从而获取图样的拓扑结构性质，生成图形。通过综合三视图中的二维几何与拓扑信息，在计算机中自动产生相应的三维形体的几何与拓扑信息，是智能 CAD 和计算机图形学领域中有意义的研究课题。

（二）智能设计系统的功能构成

智能设计系统是以知识处理为核心的 CAD 系统。将知识系统的知识处理与一般 CAD 系统的计算分析、数据库管理、图形处理等有机结合起来，从而能够协助设计者完成方案设计、参数选择、性能分析、结构设计、图形处理等不同阶段、不同复杂程度的设计任务。

1. 知识处理功能

知识推理是智能设计系统的核心，实现知识的组织、管理及其应用，其主要内容包括：① 获取领域内的一般知识和领域专家的知识，并将知识按特定的形式存储，以供设计过程使用；② 对知识实行分层管理和维护；③ 根据需要提取知识，实现知识的推理和应用；④ 根据知识的应用情况对知识库进行优化；⑤ 根据推理效果和应用过程学习新的知识，丰富知识库。

2. 分析计算功能

一个完善的智能设计系统应提供丰富的分析计算方法，包括：① 各种常用数学分析方法；② 优化设计方法；③ 有限元分析方法；④ 可靠性分析方法；⑤ 各种专用的分析方法。以上分析方法以程序库的形式集成在智能设计系统中，供需要时调用。

3. 数据服务功能

设计过程实质上是一个信息处理和加工过程。大量的数据以不同的类型和结构形式在系统中存在，并根据设计需要进行流动，为设计过程提供服务。随着设计对象复杂度的增加，系统要处理的信息量将大幅度地增加。为了保证系统内庞大的信息能够安全、可靠、高效地存储并流动，必须引入高效可靠的数据管理与服务功能，为设计过程提供可靠的服务。

4. 图形处理功能

强大的图形处理能力是任何一个 CAD 系统都必须具备的基本功能。借助于二维、三维图形或三维实体图形，设计人员在设计阶段便可以清楚地了解设计对象的形状和结构特点，还可以通过设计对象的仿真来检查其装配关系、干涉情况和工作情况，从而确认设计结果的有效性和可靠性。

二、知识处理

（一）知识表达

知识表达研究各种知识的形式化描述方法及存储知识的数据结构，并把问题领域的各种知识通过这些数据结构结合到计算机系统的程序设计过程中。

典型的知识表达模式有产生式规则表达、谓词逻辑表达、框架表达语义网络表达、过程表达和不精确知识表达等。一般深化表达宜采用框架表示和语义网络表达；表层表达宜采用产生式规则表达。

“产生式”是一种逻辑上具有因果关系的表示模式。它在语义上表示“如果 A，则 B”的因果关系。产生式规则表达方法是目前专家系统中最为普遍的一种知识表达方法。以产生式规则为基础的专家系统又称产生式系统。

文本文件是一种顺序存取文件，不能从中间插入读取某条规则，必须一次将所有规则装入内存，对计算机内存资源消耗较大。

知识库文件采用二进制数格式时，规则以记录为单位进行存取。每条记录的大小要根据规则的长度来确定。此时，可以按随机文件的方式存取指定的规则，因而不需要将所有规则同时装入内存，减少了计算机内存资源的消耗，但增加了计算机 CPU 与外设交换数据的次数。

（二）知识获取

1. 知识获取的任务

知识获取就是把用于问题求解的专门知识从某些知识源中提炼出来，将之转换成计算机内可执行代码的过程。知识源就是知识获取的对象，知识的来源是多种多样的，可从书中得到，也可从领域专家处得到。知识获取系统最难获取的就是领域专家的经验知识。知识来源的复杂性决定了知识获取的复杂性。专家系统性能的优劣取决于编入系统中知识的数量和质量，也就是专家系统一定要获取极详细和精练的专门知识。这样才能提高专家系统的可靠性、有效性和可利用性。

提炼知识并非一件容易的事，因为人类的知识不仅有固定的、规范化的书本文献上的知识，还有专业人员在长期实践中积累的经验知识，也称之为启发性知识。它一般缺乏系统化和形式化，甚至难以表达。但往往正是这些启发性知识在实际应用中发挥着巨大的作用。

知识获取过程之一是提炼知识，它包括对已有知识的理解、抽取、组织，从已有的知识和实例中产生新知识。在抽取新知识时应做到：（1）准确性获取的知识应能准确地代表领域专家的经验和思维方法；（2）可靠性这种知识能被大多数领域专家所公认和理解，并能经得起实践的验证；（3）完整性检查或保持已获取知识集合的一致性或无矛盾性和完整性；（4）精练性尽量保证已获取的知识集合无冗余。

知识获取由从外部取得信息和在系统内部体系化这两种功能组成。根据学习系统所具有的推理能力的不同，有各种各样的知识获取形态，取得的信息形式也随之而异。

2. 知识获取的步骤

无论是否使用知识获取工具，知识工程师都无法逃避知识获取第一阶段的任务，即与领域专家直接接触来识别领域知识的基本结构，并寻找适当的知识表达方法，这一过程主要包括以下三个阶段。

（1）对问题的认识阶段

本阶段的工作是抓住问题的各个方面的主要特征，确定获取知识的目标和手段，确定领域求解问题，问题的定义及特征（包括子问题的划分，以及相关的概念和术语；相互关系如何等）。这一阶段也就是把求解问题的关键知识提炼出来，并用相应的自然语言表达和描述。

概念化阶段的任务是形成关于专家系统的主要概念及其关系，包括求解问题的信息流、控制流，各子任务间的相互关系描述；求解策略、推理方式及主要知识的描述等，一旦重要概念和关系明确之后，就能获得充分且必要的信息，使研制工作建立在坚实的基础之上。

（2）知识的整理吸收阶段

本阶段主要是将前一阶段提炼的知识进一步整理，归纳，并加以分析组合阶段，为今后进一步的知识细化，做好充分准备。

一旦确定了领域知识结构，并选择了知识表示方法。抽取细节知识，即知识获取的第二阶段任务就变成了比较机械的过程。该阶段的任务是把上个阶段概括出来的关键概念、子问题和信息流特征映射成基于各种知识表达方法的形式化的表示，最终形成和建立知识库模型的局部规范。

这一阶段主要确定三个要素：知识库的空间结构、过程的基本模型及数据结构。其实质就是选择知识表达的方式，设计知识库的结构，形成知识库的框架。知识获取的第三阶段，即调试精练知识库也可在很大程度上实现自动化。其线索来源于确定的知识表示结构和知识库实例运行结果。该阶段也是知识库的完善阶段。在建立专家系统的过程中，总要进行不断的修改，不断地进行检验，不断地反馈信息，使得知识越来越丰富，以实现完善的知识库系统。

知识获取过程是建立专家系统过程中最为困难的一项工作，然而又是最为重要的一项工作。专家系统制造者必须集中主要精力解决好知识获取的工作。

（三）知识应用

1. 正向推理

推理是人们求解问题的主要思维方法，而智能系统的推理行为则由推理机完成。正向推理是从已知事实（数据）到结论的推理，也称事实驱动或数据驱动推理。

其中，事实变量队列用于存放用户给定的一条初始事实和推理获得的新事实，采用先进先出的方式处理。事实变量表用于存放用户输入的事实和推理过程中推理得到的事实，构成事实库。堆栈则用来记录正在处理规

则的序号及其前提变量的序号。

正向推理的优点是比较直观，允许用户主动提供有用的事实信息，适合于诸如设计、预测、监控等类型问题的求解。主要缺点是推理时无明确的目标，求解问题时可能要执行许多与解无关的操作，导致推理的效率较低。正向推理时，每当事实队列中扩展事实后，都要重新遍历知识库，这样规则数目越多，就越花费时间。对这一缺点可采用以下措施加以缓解：(1) 一条规则只触发一次，即某条规则触发后，就将其从知识库中动态地删除掉。(2) 首先选择最近进入事实队列中的元素进行匹配，即把先进先出的原则改为先进后出。(3) 优先选用前提部分多的规则进行匹配。

2. 反向推理

反向推理与正向推理的操作相反，是从目标到初始事实（数据）的推理，又称目标驱动或假设驱动推理。其基本思想是，首先提出目标或假设，然后试图通过检查事实库中的已知事实或向用户索取证据来支持假设。如果事实库中的事实不支持假设，则该事实成为假设所追踪的子目标。如果假设不能得到证实系统可提出新的假设，直到所有的假设都得不到事实的支持，这时推理归于失败。其基本算法步骤描述如下：(1) 根据用户提供的信息生成事实库和推理目标（结论）集；(2) 选定一个推理目标；(3) 将包含推理目标的规则号压入堆栈；(4) 逐一将此规则中的各个前提变量与事实库中的事实进行匹配；(5) 如果某个前提变量的值没有确定并且为证据结点，则询问用户并得到相应的回答，转步骤 (7)；(6) 如果某个前提变量在推理目标集中，即为某条规则的结论，则将此前提变量作为子推理目标（中间结论）并将此中间结论所属的规则号压入堆栈，然后转步骤 (4)；(7) 如果处于堆栈顶部的规则的前提与所给事实不能匹配，表明当前推理目标不能满足，则将其从堆栈顶部移出，并对其置否定标志，转步骤 (10)；(8) 如果处于堆栈顶部的规则的所有前提均匹配成功，触发该规则的结论部分，则将新的事实添加到事实库中；(9) 如果栈底还有包含推理目标的规则，则将其前提序号加 1，并返回步骤 (4)，继续匹配剩下的前提；如果堆栈已空，则系统已获得推理结论，反向推理过程结束；(10) 如果推理目标集已空，则表明推理失败，结束推理过程，否则，转步骤 (11)；(11) 从推理目标集中取下一个推理目标，转步骤 (3)。

三、智能设计系统

（一）智能设计系统的构成

智能设计系统是设计型专家系统和人机智能化设计系统的统称。

特别是在 CIMS 环境下的并行设计，更加鲜明地体现了智能设计的这种整体性、集成性和并行性。因此在智能设计的现阶段，对设计过程及设计对象的建模理论、方法和技术的研究和探讨是非常必要的。

由于智能设计的发展包括设计型专家系统和人机智能化专家设计系统两个阶段，特别是人机智能化设计系统正处于探索性研究之中，对它的定义和理解都有较大的柔性，因此智能设计系统包括的范围较为广泛。最简单的智能设计系统是严格意义下的设计型专家，它只能处理单一设计领域知识范畴的符号推理问题；最完善的智能设计系统是人机高度和谐、知识高度集成的人机智能设计系统，它所具有的自组织能力，开放的体系结构和大规模的知识集成化处理环境正是智能设计追求的理想境界。大量的设计系统介于这两种极端模式之间，能对设计过程提供或多或少的智能支持。

（二）智能设计系统的复杂性

智能设计系统是一个人机协同作业的集成设计系统，设计者和计算机协同工作，各自完成自己最擅长的任务，因此在具体建造系统时，不必强求设计过程的完全自动化。智能设计系统与一般 CAD 系统的主要区别在于它以知识为其核心内容，其解决问题的主要方法是将知识推理与数值计算紧密结合在一起。数值计算为推理过程提供可靠依据，而知识推理解决需要进行判断、决策才能解决的问题，再辅之以其他一些处理功能，如图形处理功能、数据管理功能等，从而提高智能设计系统解决问题的能力。智能设计系统的功能越强，系统将越复杂。

智能设计系统之所以复杂，主要是因为存在下列设计过程的复杂性：（1）设计是一个单输入多输出的过程；（2）设计是一个多层次，多阶段，分步骤地迭代开发过程；（3）设计是一种不良定义的问题；（4）设计是一种知识密集型的创造性活动；（5）设计是一种对设计对象空间的非单调探索过程。设计过程的上述特点给建造一个功能完善的智能设计系统增添了极大的困难。就目前的技术发展水平而言，还不可能建造出能完全代替设

计者进行自动设计的智能设计系统。因此，在实际应用过程中，要合理地确定智能设计系统的复杂程度，以保证所建造的智能设计系统切实可行。

（三）智能设计系统建造过程

建造一个实用的智能设计系统是一项艰巨的任务，通常需要具有不同专业背景的跨学科研究人员的通力合作。在建造智能设计系统时，需要应用软件工程学的理论和方法，使得建造工作系统化，规范化，从而缩短开发周期，提高系统质量。

1. 系统需求分析

在需求分析阶段必须明确所建造系统的性质、基本功能、设计条件和运行条件等一系列问题。

（1）设计任务的确定

确定智能设计系统要完成的设计任务是建造智能设计系统应首先明确的问题。其主要内容包括确定所建造的系统应解决的问题范围，应具备的功能和性能指标，环境与要求，进度和经费情况等。

（2）可行性论证

一般是在行业范围内进行广泛地调研，对已有的或正在建造的类似系统进行深入考察分析和比较，学习先进技术，使系统建立在较高水平的平台上，而不是低水平的重复。

（3）开发工具和开发平台的选择

选择合适的智能设计系统开发工具与开发平台，可以提高系统的开发效率，缩短系统开发周期，使系统的开发与建造建立在较高水平之上。因此在已确定了设计问题范围之后，应注意选择好合适的智能设计系统开发工具与开发平台。

2. 设计对象建模问题

建造一个功能完善的智能设计系统，首先要解决好设计对象的建模问题。设计对象信息经过整理，概念化，规范化，按一定的形式描述成计算机能识别的代码形式，计算机才能对设计对象进行处理，完成具体的设计过程。

（1）设计问题概念化与形式化

设计过程实际上由两个主要映射过程组成，即设计对象的概念模型空间到功能模型空间的映射，功能模型空间到结构模型空间的映射。因此，如果希望所建造的智能设计系统能支持完成整个设计过程，就要解决好设计对象建模问题，以适应设计过程的需要。因此，设计问题概念化，形式化的过程实际上是设计对象的描述与建模过程。设计对象描述状态空间法、问题规约法等形式。

（2）系统功能的确定

智能设计系统的功能反映系统的设计目标。

根据智能设计系统的设计目标，可将其分为以下几种主要类型。① 智能化方案设计系统、所建造的系统主要支持设计者完成产品方案的拟定和设计。② 智能化参数设计系统、所建造的系统主要支持设计者完成产品的参数选择和确定。③ 智能设计系统这是较完整的系统，可支持设计者完成从概念设计到详细设计整个设计过程，建造难度大。

3. 知识系统的建立

知识系统是以设计型专家系统为基础的知识处理子系统，是智能设计系统的核心。知识系统的建立过程即设计型专家系统的建造过程。

（1）选择知识表达方式

在选用知识表达方式时，要结合智能设计系统的特点和系统的功能要求来选用，常用的知识表达方式仍以产生式规则和框架表示为主。如果要选择智能设计系统开发工具，则应根据工具系统提供的知识表达方式来组织知识，不需再考虑选择知识表达方式。

（2）建造知识库

知识库的建造过程包括知识的获取，知识的组织和存取方式以及推理策略确定三个主要过程。

4. 形成原型系统

形成原型系统阶段的主要任务是完成系统要求的各种基本功能，包括比较完整的知识处理功能和其他相关功能，只有具备这些基本功能，才能建造出一个初步可用的系统。

形成原型系统的工作分以下两步进行。（1）各功能模块设计按照预定的系统功能对各功能模块进行详细设计，完成编写代码、模块调试过程。（2）各模块联调将设计好的各功能模块组合在一起，用一组数据进行调试，以确定系统运行的正确性。

5. 系统修正与扩展

系统修正与扩展阶段的主要任务是对原型系统有联调和初步使用中的

错误进行修正，对没有达到预期目标的功能进行扩展。经过认真测试后，系统已具备设计任务要求的全部功能，达到性能指标，就可以交付用户使用，同时形成设计说明书及用户使用手册等文档。

6. 投入使用

将开发的智能设计系统交付用户使用，在实际使用中发现问题。只有经过实际使用过程的检验，才能使系统的设计逐渐趋于准确和稳定，进而达到专家设计水平。

7. 系统维护

针对系统实际使用中发现的问题或者用户提出的新要求对系统进行改进和提高，不断完善系统。

四、智能设计系统的产品模型

机械产品的设计是一个自上向下的过程。设计人员首先根据自己的专业知识及设计经验，建立起满足用户需求的概念模型，并对这一模型不断细化，根据实际情况增加相应的约束条件，将约束自顶向下传递，逐步建立起产品的装配模型和零件模型。一个完备的产品模型，对于提高产品质量、降低成本、缩短生产周期和提供良好的售后服务具有至关重要的作用，可以为企业在激烈的市场竞争中占据主动地位提供有力的支持。通过建立产品模型，可以在设计与制造过程中实现对产品信息的共享。

在智能制造环境下，产品模型里的信息被纳入知识的范畴，其信息由三维空间中产品的几何信息和附加在其上的属性组成，故把智能制造环境下的产品模型，称为产品知识模型。

知识模型的研究主要集中在如何将二维图形以一维的形式在计算机内表达和如何利用这些二维图形所描述的客观世界。在产品描述过程中，产生与特征有关的知识，例如有了装配关系，就可以推出装配应用中的特征连接元素及其相关特性。与产品特征有关的知识都作为产品知识的一部分（它们是说明和附属在产品的几何形状上的），这样与产品知识模型打交道的任何一个部分都会面向它的特征。

设计产品不但要设计产品的功能和结构，而且要设计产品的全生命周期，也就是要考虑产品的规划、设计、制造、经销、运行、使用、维护直到回收再利用的全过程。考虑全生命周期的设计实际上是一个系统集成的过程，它将制造过程视为一系列对象所组成，如产品过程、后勤、软件和制造者等诸因素，参与制造过程的每一个对象都是特定的、相关联的，并具有一定的有效期。为了适应智能制造系统中高度集成化与智能化的要求，通过集成知识工程、特征建模策略和面向对象的技术，建立一种基于知识的产品集成表示模型，以便为产品生命期中制造知识的处理提供一种框架。

在智能制造环境下，产品的集成表示内容应包括数据、几何和知识。产品数据、几何和知识分别被定义为产品生命期内所有阶段附加在产品上的数据、几何和知识总和。数据包括公差数据、结构数据、功能数据和性能数据；几何包括几何图形、形状拓扑关系；知识包括特征知识和管理知识。该模型由若干个子模型互联而成，分属几何、数据和知识三种深度。从对产品描述的知识深度角度来看，自上而下深度增加，而抽象程度减小，各种深度上的每个子模型着重反映产品在该深度上的最小冗余度，使各子模型相互补充地形成一个完整的产品多知识深度表示模型。

几何模型子模块是产品表示中最成熟和最基本的一个模型，由包括几何元素（坐标、点、线、面、方向）的多种定义形式来构成。拓扑模型子模块包含对产品的拓扑实体及其关系的定义，如顶点、边、面、路径等。目前常用的边界表示法可以较好地获取产品的拓扑信息。形状模型子模块是产品几何关系的数学表示，以几何模型和拓扑模型为基础，目前常用的表示方法是实体建模，即通过预先定义的一些体素，将产品表示成由这些元素构成的树结构或有向非闭环图，而体素的表示和各体素间的关系可分别从几何模型和拓扑模型中获得。结构模型子模块中的结构定义为一组具有语义的几何实体的集合，包括一组几何实体及其相互关系和几何实体的语义表示两方面的内容。目前常用的方法是结构特征建模，该模型是公差模型和功能模型的基础。公差模型子模块反映产品中具有可变动范围的一类信息，它们是产品加工过程中一种重要的非几何信息，包括公差、几何公差、表面粗糙度、材料信息。功能模型子模块实际上是对结构模型中几何实体及其关系的语义各种功能的解释，可采用知识工程中的语义网络或框架来表示。一个产品的设计过程实际是从功能模型到结构模型的转化过程。因此，产品设计工作结束后。它的功能模型也就相应确定。性能模型子模块实际上是对产品的功能或结构按用户要求或预期进行的一种评价，主要包括性能参数、行为值等，该模型与结构模型和功能模型是产品的可

靠性设计和可维护性设计中的重要基础模型，它们将有助于解决目前复杂系统的监视与故障诊断领域中深层知识（如结构、功能与行为知识）的“瓶颈”问题。特征模型子模块包括产品几何特征和功能特征的参数化与陈述性描述产品生命期内各环节对产品结构施加的约束，它可采用知识工程中的知识表示技术。管理模型子模块的模型是对产品集成表示模型内部层次结构的描述，各子模型之间的关系、信息转换等，它可采用知识工程中的知识表示技术。

五、智能 CAD 系统的设计方法及开发

（一）智能 CAD 系统的功能及设计模型

1. 智能 CAD 系统的基本功能

（1）知识推理功能

知识推理是智能设计系统的核心，实现知识的组织、管理及其应用，其主要内容包括：① 获取领域内的一般知识和领域专家的知识，并将知识按特定的形式存储，以供设计过程使用；② 对知识进行分层管理和维护；③ 根据需要提取知识，实现知识的推理和应用；④ 根据知识的应用情况对知识库进行优化；⑤ 根据推理效果和应用过程学习新的知识，丰富知识库。

（2）分析计算功能

一个完善的智能设计系统应提供丰富的分析计算方法，包括：① 各种常用数学分析方法；② 优化设计方法；③ 有限元方法；④ 可靠性分析方法；⑤ 各种专用的分析方法。以上方法以程序库的形式集成在智能设计系统中，供需要时调用。

（3）数据服务功能

设计过程实质上是一个信息处理和加工过程。大量的数据以不同的类型和结构形式存储于系统中并根据设计需要进行流动，为设计过程提供服务。随着设计对象复杂程度的增加，系统要处理的信息量将大幅度地增加。为了保证系统内庞大的信息能够安全可靠、高效地存储并流动，必须引入高效可靠的数据管理与服务功能，为设计过程提供可靠的服务。

（4）图形处理功能

任何一个 CAD 系统都必须具备强大的图形处理能力。借助于二维、三

维模型或三维实体模型，设计人员在设计阶段便可以清楚地了解设计对象的形状和结构特点，还可以通过设计对象的仿真来检查其装配关系、有无干涉和工作情况，从而确认设计结果的有效性和可靠性。

2. 智能 CAD 系统的设计模型

设计是一个面向目标的有约束的决策、探索和学习的活动，它根据设计说明给出对设计对象的期望功能（或行为）的描述，产生出符合设计要求的设计结果。在 CAD 系统设计中，设计模型的建立可以针对某个领域，也可以是通用的，而其目的是为实现具体的智能 CAD 系统提供理论依据。

分析-综合-评价模型（ASE）把每一个设计活动分解成为三个阶段。分析就是对设计的理解问题，而且要形成一个对目标的显式的描述；综合是寻找可能的解答，通常可以通过目标分解法以及元素重组法来解决“综合”；评价就是确定解的合法性、与目标的接近程度以及从多个可能解中选取最佳的方案。通常采用多重准则法来解决“评价”，从而可以看出该模型的三个阶段具有顺序性。由此可见，在综合开发前没有必要将设计问题完全分析清楚，这一点符合人们的设计习惯和设计的实际情况。

生成-测试模型（GT）是将设计活动视为在一个状态空间中的问题求解搜索的过程。首先是生成一种假设，然后用已有的现象或数据去测试，如发现有不能满足假设的现象，则再次生成一个假设，如此重复，直到找到能符合所有现象的假设作为设计的解。设计类问题大多是一个病态结构。为了使用该模型，设计师通过将原始的设计问题降级成有组织的一组子任务，从而使病态结构转化为良性结构。一个设计师，可以随时从其长期记忆中回想起某种约束或某个子目标，但所有这些因素却无法包含在问题描述之中，所以问题求解中任务的形成是动态的。对问题的描述应不断地进行修改，以解释其真实情况，因此问题求解器需要面对的是一个良性结构。

约束满足模型（CS）的出发点是把设计形式化，以逻辑表达设计要求（即对设计问题的描述），通过逻辑推理的办法得到最终的设计结果。它把设计的最终要求概括为一组特性以及相应的约束条件，并以此作为问题求解的最终状态。设计任务从初始问题状态开始，每一中间状态中都包含这些特征，其推理过程是不断满足状态中特性的各个约束条件。

基于知识的设计模型是一种基于知识的设计模型。它把设计师的知识提炼出来构成知识库，并通过对知识的运用来进行设计，通过知识的学习

来改善知识库的内容，提高系统的设计能力，所以称为 CAD 的知识工程方法。其中最为成功的便是专家系统设计模型，它的设计问题知识库常被分成两类：设计过程的知识，即关于如何进行设计的知识，其中包括设计一般原理、设计的常识等；设计对象的知识，即设计对象的部件，结构、材料、用途、设计规范、典型产品、结构原型和部件类型等。

基于知识的设计模型主要有两种策略：第一种策略是让计算机复制人类的设计行为，仅仅是让计算机进行领域的某项设计，但由于对具有智能行为的设计的研究并未彻底弄清楚，使得当今的知识表达、自动推理以及问题求解技术只能迎合极小部分的人类设计行为，专家系统便是朝着这种设计专门化的方向所做出的努力。第二种策略是借助于智能工具，为设计人员提供智能支撑。这一方法不仅缓解了设计研究中可用手段不足的局限性，而且使得我们能在更大的规模及更高的复杂性层次上去研究设计中的智能活动。爱丁堡大学的 EDS（Edigburgh Designer System）代表了这一领域。他们认为目前要提出一种完善的设计理论为时尚早，因而提出了一个基于探索的设计模型，用以作为对设计的智能支持。该模型中，知识库是动态的，设计的探索过程以及设计的历史状态将不断地引起领域知识库的增值。同时，新的知识库也影响设计的过程，整个设计是在不断探索中完成的。

设计思维模型：上述各类设计模型存在着一个共同的缺陷：它们并未从人脑认知思维过程的深层去研究设计问题（或仅仅是简单的认知模型而已）。因此，尽管人们绞尽脑汁地提取设计专家的知识，但由于这些知识的运用与人之真正认知过程相差甚远，而使得计算机的设计模拟并未真正地体现出人类的智能。从而必须从研究认知、思维出发，然后建立反映设计思维本质的设计模型系统。设计思维过程远远不止推理、比较和搜索这类抽象的思维操作，更重要的是诸如联想、变形、综合等形象思维类的操作，通过时空、情感相关、概念类似、感觉特征类似等导航机制来完成从记忆网络中的一个节点到另一个节点的发展的操作。

认知对设计思维模型的作用主要以两种方法进行：第一种是用理论研究的方法，分析综合认知科学，特别是形象思维的以形象为核心的形象信息模型；第二种是用实验心理学的方法，研究设计思维过程的模型。该方法指出了设计的多模型特性，并分析出形状方案设计思维的四种模型：对象先例型、约束联想型、分解综合型和抽象逆反型。

（二）智能 CAD 系统的设计方法

1. 面向对象的求解方法

客观世界的问题都是由客观世界的实体和实体间的相互关系构成的，客观世界的实体称为问题空间（问题域）的对象。任何事物都是对象，是某一个对象类的一个元素。复杂的对象可由相对比较简单的对象以某种方法组成。在面向对象的设计中，对象是应用域中的建模实体。所有对象在外观上都表现出相同的属性，即固有的处理能力和通过传递消息实现的统一的联系方式。在面向对象的智能设计求解过程中，设计问题被认为是可分解的，具有一定的层次结构特点。每一个担负一定设计求解任务的单元可以定义为一个类，这是相对独立的问题求解器，它所能完成的功能可以是从一个设计参数的确定直到整个设计结果的综合中的每一个可能的步骤。类的每一个域都赋予一定的语义，以满足设计问题的求解需求。

2. 基于规则的智能设计方法

基于规则的设计（Rule-Based Design，RBD）源于人类设计者能够通过对过程性、逻辑性、经验性的设计规则进行逐步推理来完成设计的行为，是最常用的智能设计方法之一。当设计开始时，关于设计问题的定义被填入到综合数据库中；然后，设计推理机负责将规则库中设计规则的前提与当前综合数据库中的事实进行匹配，前提获得匹配的设计规则被筛选出来，成为可用设计规则组；继而，设计推理机化解多条可用规则可能带来的结论冲突并启用设计规则，从而对当前的综合数据库做出修改。这一过程被反复执行，直到达到推理目标，即产生满足设计要求的设计解为止。

3. 基于案例的智能设计方法

基于案例的设计（Case-Based Design，CBD）是通过调整或组合过去的设计解来创造新设计解的方法，是人工智能中基于案例的推理（Case-Based Reasoning，CBR）技术在设计型问题中的应用，它源于人类在进行设计时总是自觉不自觉地参考过去相似设计案例的行为。

当设计开始时，首先，根据设计问题的定义从案例库中搜索并提取与当前设计问题最为接近的一个或多个设计案例；然后，通过案例组合、案例调整等方法而得到设计问题的解；最后，设计产生的设计方案可能又被

加入设计案例库中供日后其他设计问题参考使用。对于 CBD 方法，即使设计案例库是不完整的，仍然能够运用该方法求解那些具有类似案例的设计问题。案例的评价、调整或组合是 CBD 的第三个关键问题。

新设计问题的设计要求不可能与案例的设计要求完全一致（否则就无须重新设计），因而需要通过案例评价而找出新设计问题与设计案例之间存在的差异特征，并着重针对这些差异特征开展设计工作。调整和组合是解决差异特征的两种主要方法。调整是借助其他一些智能设计方法对原有案例进行修改而产生满足设计要求的设计解（例如，基于规则的方法）；组合则是通过从多个案例中分别取出设计解的可用部分，再合并形成新问题的设计解。

4. 基于原型的智能设计方法

采用设计原型作为设计解属性空间的结构并进而求解属性空间内容的智能设计方法，称为基于原型的设计方法（Prototype-Based Design，PBD）。

设计原型被存储在原型库中备用。设计开始时，从原型库中选取适用于设计问题的设计原型；然后，将设计原型实例化为具体设计对象而形成设计解的结构；继而，通过运用关于求解原型属性的各种设计知识（可能为设计规则、该原型以往的设计案例等），来求解满足设计要求的解的属性值而最终形成设计解。

5. 基于约束满足的智能设计方法

基于约束满足的智能设计（Constraint Satisfied Design，CSD）方法是把设计视为一个约束满足的问题（Constraint Satisfied Problem，CSP）来进行求解。人工智能技术中，CSP 问题的基本求解方法是通过搜索问题的解空间来查找满足所有问题约束的问题解。但是，智能设计与一般的 CSP 问题存在一些不同，在一个复杂设计问题中，往往涉及众多变量，搜索空间十分巨大，这使得通常很难通过搜索方法而得到真正设计问题的解。因而，CSD 常常是借助其他智能设计方法产生一个设计方案，然后再来判别其是否满足设计问题中的各方面约束，而单纯搜索的方法一般只用于解决设计问题中的一些局部子问题。

约束在产品几何表达方面的应用由来已久，CAD 系统的鼻祖 Sketchpad 就是一个基于约束的交互式图形设计系统，这一技术一直被延伸和发展到目前的三维产品造型技术中。智能设计显然是与产品几何密不可分而需要具有几何约束的。此外，设计中的一些常识性知识也可能通过约束来表达。最常见的判断型约束常表现为谓词逻辑形式的陈述性知识，但也存在许多具有前提条件的约束。此时，约束包括前提和约束内容两部分而具有类似于规则的形式。另外，对于一些复杂约束还存在相应的特殊表示方法。

（三）智能 CAD 系统的开发

1. 智能 CAD 系统的开发途径

通常采用的智能设计系统开发途径有三种：一是由上而下，二是自下而上，三是两者的结合。三种途径各有其特点，对应不同的开发环境、场合及问题。

（1）由上而下的方法

这种方法的特点是先从智能设计的全局出发，着眼于整体设计，然后再到具体的细节，从上层到下层，一层层考虑。它要求：对智能设计的整体有较深的理解和把握；有较通用的系统开发工具和环境。这样开发的系统，由于从全局观点出发，整体性能较好。无论从知识模型的角度，还是从软件系统的角度，局部都能较好地服从全局要求，系统的体系结构比较明确、合理，也易于系统的维护和修改。但由于智能设计的复杂性，特别是当设计对象复杂时（例如汽车、飞机设计），模型涉及的设计过程知识及设计对象知识过于复杂，比较不容易从整体上把握；而且这种方法依赖于现成的系统开发工具，这种开发软件一般价格昂贵，有时并不一定适用于特定场合。越通用的系统开发环境和工具，则越原则性，比较粗线条，只能给出一些大的指导性原则和方法，使开发的难度和工作量增大。因此，对于较复杂的问题和具有较少的开发者来说，采取化大为小的方法则可能更现实。

（2）自下而上的方法

这种方法的特点是从具体问题出发，先局部后全局，逐步建立整个复杂的系统。由于将复杂问题分割为较容易处理的若干简单问题来实施，降低了开发的难度，也降低了对开发工具的要求。局部的问题较简单，也容易利用已有的成果。但显而易见，这种系统建立后，要经过反复的修改调整，才能达到较好的整体性。同时也可利用根据具体问题开发的系统，逐渐发展成为能适用于同类问题的较通用的系统，最后发展成为系统开发工

具和环境，以便于相近问题的开发。当然，要做到这一点，应在开发针对具体问题的系统时，应用知识模型与软件系统相分离的原则，即将知识和处理方法相独立，以便将来形成较为通用的系统工具。可针对不同的具体对象放入不同的知识模型。

（3）上下结合的方法

综合上述两种方法的优点、避免其缺点，针对某些问题和开发条件，我们也可采取从上而下、自下而上相结合，从具体到一般、从一般到具体相结合的方法。例如，我们已有一些开发具体系统的经验，但没有适用的系统开发环境与工具，则可在已有具体系统的基础上，针对当前的具体问题，大致进行整体分析与设计，以照顾全局的协调；同时对于已有具体系统不适用的部分，进行局部系统的再开发。这样既可利用已有系统的整体性，又可从局部的较简单问题着手进行系统开发。这种方法不仅可以针对具体问题开发出新系统，也将使已有的具体系统向更通用化发展。

2. 智能 CAD 系统的开发过程

智能 CAD 系统是一个人机协同作业的集成设计系统，设计者和计算机协同工作，各自完成自己最擅长的任务，因此在具体建造系统时，不必强求设计过程的完全自动化。智能 CAD 系统与一般 CAD 系统的主要区别在于它以知识为其核心内容，其解问题的主要方法是将知识推理与数值计算紧密结合在一起。数值计算为推理过程提供可靠依据，而知识推理解决需要进行判断、决策才能解决的问题，再辅之以其他一些处理功能，如图形处理功能数据管理功能等，从而提高智能 CAD 系统解决问题的能力。智能 CAD 系统的功能越强，系统将越复杂。

智能 CAD 系统之所以复杂，主要是因为存在下列设计过程的复杂性：① 设计是个单输入多输出的过程；② 设计是个多层次、多阶段、分步骤地迭代开发过程；③ 设计是种不良定义的问题；④ 设计是种知识密集型的创造性活动；⑤ 设计是种对设计对象空间的非单调探索过程。

设计过程的上述特点给建造功能完善的智能设计系统增添了极大的困难。就目前的技术发展水平而言，还不可能建造出能完全代替设计者进行自动设计的智能设计系统。因此，在实际应用过程中要合理地确定智能设计系统的复杂程度，以保证所建造的智能设计系统切实可行。

开发一个实用的智能 CAD 系统是项艰巨的任务，通常需要具有不同专业背景的跨学科研究人员的通力合作。在开发智能 CAD 系统时需要应用软件工程学的理论和方法，使得开发工作系统化、规范化，从而缩短开发周期、提高系统质量。

（1）系统需求分析

在需求分析阶段必须明确所开发系统的性质、基本功能、设计条件和运行条件等一系列问题。

① 设计任务的确定

确定智能 CAD 系统要完成的设计任务是开发智能 CAD 系统应首先明确的问题。其主要内容包括确定所开发的系统应解决的问题范围应具备的功能和性能指标、环境与要求、进度和经费情况等。

② 可行性论证

一般是在行业范围内进行广泛的调研，对已有的或正在开发的类似系统进行深入考察分析和比较，学习先进技术，使系统建立在较高水平的平台上而不是低水平的重复。

③ 开发工具和开发平台的选择

选择合适的智能 CAD 系统开发工具与开发平台，可以提高系统的开发效率，缩短系统开发周期，使系统的设计与开发建立在较高水平之上。因此在已确定了设计问题范围之后，应注意选择好合适的智能 CAD 系统开发工具与开发平台。

（2）设计问题与建模

开发功能完善的智能 CAD 系统首先要解决好设计对象的建模问题，设计对象信息经过整理，概念化、规范化地按规定的形式描述成计算机能识别的代码形式，计算机才能对设计对象进行处理，完成具体的设计过程。

① 设计问题概念化与形式化

设计过程实际上由两个主要映射过程组成，即设计对象的概念模型空间到功能模型空间的映射，功能模型空间到结构模型空间的映射。因此，如果希望所开发的智能 CAD 系统能支持完成整个设计过程，就要解决好设计对象建模问题，以适应设计过程的需要。因此，设计问题概念化形式化的过程实际上是设计对象的描述与建模过程。设计对象描述有状态空间法，问题规约法等形式。

② 系统功能的确定

智能 CAD 系统的功能反映系统的设计目标。根据智能 CAD 系统的设计目标，可将其分为以下几种主要类型：智能化方案设计系统，所开发的系统主要支持设计者完成产品方案的拟订和设计；智能化参数设计系统，所开发的系统主要支持设计者完成产品的参数选择和确定；智能 CAD 系统，这是较完整的系统，可支持设计者完成从概念设计到详细设计整个设计过程，开发难度大。

（3）知识系统的建立

知识系统是以设计型专家系统为基础的知识处理子系统，是智能 CAD 系统的核心。知识系统的建立过程即设计型专家系统的开发过程。

① 选择知识表达方式

在选用知识表达方式时，要结合智能 CAD 系统的特点和系统的功能要求来选用，常用的知识表达方式仍以产生式规则和框架表示为主。如果要选择智能 CAD 系统开发工具，则应根据工具系统提供的知识表达方式来组织知识，不需要再考虑选择知识表达方式。

② 开发知识库

知识库的开发过程包括知识的获取、知识的组织和存取方式以及推理策略确定三个主要过程。

（4）形成原型系统

形成原型系统阶段的主要任务是完成系统要求的各种基本功能，包括比较完整的知识处理功能和其他相关功能，只有具备这些基本功能，才能开发出一个初步可用的系统。形成原型系统的工作分以下两步进行。

① 各功能模块设计

按照预定的系统功能对各功能模块进行详细设计，完成编写代码、模块调试过程。

② 各模块联调

将设计好的各功能模块组合在一起，用一组数据进行调试，以确定系统运行的正确性。

（5）系统修正与扩展

系统修正与扩展阶段的主要任务是对原型系统有联调和初步使用中的错误进行修正，对没有达到预期目标的功能进行扩展。经过认真测试后，系统已具备设计任务要求的全部功能，达到性能指标，就可以交付用户使用，同时形成设计说明书及用户使用手册等文档。

(6) 投入使用

将开发的智能 CAD 系统交付用户使用，在实际使用中发现问题。只有经过实际使用过程的检验，才能使系统的设计逐渐趋于准确和稳定，进而达到专家设计水平。

(7) 系统维护

针对系统实际使用中发现的问题或者用户提出的新要求对系统进行改进和提高，不断完善系统。

参考文献

[1] 汪通悦．机械制造技术基础［M］．北京：北京理工大学出版社，2017.

[2] 陈新民，赵燕．机械制造装备设计［M］．长春：东北师范大学出版社，2017.

[3] 孙远敬，郭辰光，魏家鹏．机械制造装备设计［M］．北京：北京理工大学出版社，2017.

[4] 卞洪元．机械制造工艺与夹具［M］．北京：北京理工大学出版社，2017.

[5] 邵国友，周德廉．现代机械制造工艺与新技术发展探究［M］．成都：四川大学出版社，2017.

[6] 左湘．工业自动化控制系列教材·PLC技术基础与应用［M］．广州：华南理工大学出版社，2017.

[7] 雷子山，曹伟，刘晓超．机械制造与自动化应用研究［M］．北京：九州出版社，2018.

[8] 王义斌．机械制造自动化及智能制造技术研究［M］．北京：原子能出版社，2018.

[9] 任乃飞，任旭东．机械制造技术基础［M］．镇江：江苏大学出版社，2018.

[10] 齐继阳，唐文献．机械制造装备设计［M］．北京：北京理工大学出版社，2018.

[11] 唐仁奎．机械制造基础［M］．成都：西南交通大学出版社，2018.

[12] 韦晓航．机械制造与自动化专业实训项目标准化指导书［M］．北京：中国铁道出版社，2018.

[13] 兰建设．机械制造工艺与夹具［M］．北京：机械工业出版社，2018.

[14] 柯武龙．自动化机构设计工程师速成宝典实战篇［M］．北京：机械

工业出版社，2018.

[15] 付晓锋，俞汉生，朱从民．四向穿梭式自动化密集仓储系统的设计与控制［M］. 北京：机械工业出版社，2018.

[16] 洪露，郭伟，王美刚．机械制造与自动化应用研究［M］. 北京：航空工业出版社，2019.

[17] 宋绪丁．机械制造技术基础［M］. 西安：西北工业大学出版社，2019.

[18] 杨杰．机械制造装备设计［M］. 武汉：华中科技大学出版社，2019.

[19] 朱凤霞．机械制造工艺学［M］. 武汉：华中科技大学出版社，2019.

[20] 彭江英，周世权．工程训练·机械制造技术分册［M］. 武汉：华中科技大学出版社，2019.

[21] 汪洪峰．机械制造技术基础［M］. 合肥：安徽大学出版社，2020.

[22] 黄健求，韩立发．机械制造技术基础［M］. 北京：机械工业出版社，2020.

[23] 万宏强．机械制造技术课程设计［M］. 北京：机械工业出版社，2020.

[24] 张停，闫玉玲，尹普．机械自动化与设备管理［M］. 吉林科学技术出版社有限责任公司，2020.

[25] 谈华林．图解低成本自动化实务与应用［M］. 北京：机械工业出版社，2020.

[26] 陈志刚．凝心聚力·砥砺前行：哈工大机电控制及自动化系发展史简记［M］. 哈尔滨：哈尔滨工业大学出版社，2020.

[27] 孟爱华．工业自动化集成控制系统：基于西门子 TIA 博途系统［M］. 西安：西安电子科技大学出版社，2020.

[28] 王隆太．先进制造技术［M］. 北京：机械工业出版社，2020.

[29] 喻洪平．机械制造技术基础［M］. 重庆：重庆大学出版社，2021.

[30] 卞洪元．机械制造工艺与夹具［M］. 北京：北京理工大学出版社，2021.

[31] 杨明涛，杨洁，潘洁．机械自动化技术与特种设备管理［M］. 汕头：汕头大学出版社，2021.

[32] 肖维荣，齐蓉．装备自动化工程设计与实践［M］. 北京：机械工业

出版社，2021.
[33] 易力力．机械精度检测实验指导［M］．重庆：重庆大学出版社，2021.
[34] 谢燕琴，黎震．先进制造技术［M］．北京：北京理工大学出版社，2021.
[35] 李雪．先进制造系统［M］．西安：西安电子科学技术大学出版社，2021.
[36] 黄力刚．机械制造自动化及先进制造技术研究［M］．北京：中国原子能出版传媒有限公司，2022.
[37] 连潇，曹巨华，李素斌．机械制造与机电工程［M］．汕头：汕头大学出版社，2022.
[38] 彭江英，周世权，田文峰．机械制造工艺基础［M］．武汉：华中科技大学出版社，2022.
[39] 陈艳芳，邹武，魏娜莎．智能制造时代机械设计制造及其自动化技术研究［M］．北京：中国原子能出版传媒有限公司，2022.